图 解

李整形修剪
从入门到精通

张鹏飞　杨复康　编著

中国农业出版社

北 京

内容简介

　　李是我国重要果树之一，其栽培历史悠久，分布范围广，南北均有栽植。李产业在脱贫攻坚过程中发挥了重要的作用，在一些地方李产业亦成为乡村振兴的支柱产业。整形修剪是李树栽培管理的重要环节，一些李园由于缺乏系统的科学整形修剪而未能发挥李树的生产潜能。为此，急需对这些李园进行科学实用的整形修剪，提高李园的生产管理水平，以实现李树栽培的高产高效。本书在简要介绍李树整形修剪的基本知识基础上，重点介绍了李树常用树形及培养方法、整形修剪实践和花果管理等内容，特别介绍了不同品种、不同发育阶段、不同物候期的修剪技术。内容翔实，图文并茂，可供李树生产者参考。

前　言

　　李为蔷薇科（Rosaceae）李属（*Prunus* L.）植物，在中国有悠久的栽培利用历史，为古代五果之一。早在3 000年前，《诗经》中就有"投我以桃，报之以李"的记载。约1 500年前，后魏贾思勰所撰《齐民要术》已较为详细地记载了李栽培管理方法，包括品种、园地选择、栽植建园、土肥水管理和采收加工等，其中更是介绍了3种"嫁李"的方法："正月一日，或十五日，以砖石著李树歧中，令实繁。又法：腊月中，以杖微打歧间，正月晦日复打之，亦足子也。又法：以煮寒食醴酪火杴著树枝间，亦良。"这些方法可以提高坐果率，实则是整形修剪的方法。千百年来，李的栽培技术水平，特别是修剪技术水平有了很大的提高。

　　李是世界重要果树之一。美国、法国、意大利、英国、西班牙、土耳其、日本等国均有大面积栽培。李适应性强，我国南北均有种植，形成了许多特色产区。李产业在脱贫攻坚和乡村振兴中也发挥了十分重要的作用。

　　编者多年从事果树修剪教学与实践，总结了"特性—目标—方法"三位一体修剪理论。果树整形修剪时要以果树生物学特性为基础（特性），以确定的标准树形为目标（目标），以适宜的修剪方法为手段（方法）。不懂果树生物学特性，没有确定的目标树形，不掌握基本的修剪方法和修剪反应就无法进行修剪，只考虑其中之一或者其中之二都会导致修剪效果不佳甚至越来越乱，无法实现整形修剪的目标。这套理论同样适用于李树的整形修剪。

　　本书基于多年果树修剪经验进行编写，在编写过程中参阅了国内外相关研究者的著作、论文等，在此表示谢忱。生产在发展，技术在进步，一些新的技术在不断应用于生产，促进了李产业的迅速发展。编者水平有限，一些技术观点仅为一家之言，如何与生产很好地结合，还有待广大读者实操验证，不妥之处敬请批评指正。

　　本书共计 15 万字。第一章内容共计 2.25 万字，由山西农业大学园艺学院张鹏飞老师撰写。第二章到第六章共计 12.75 万字，由山西农业大学果树研究所杨复康老师撰写。

编著者

2023 年 10 月于山西太谷

目 录

第一章

李的基础知识

果树的生长发育规律是进行整形修剪的基础，在整形修剪时需要考虑到李的生物学特性、开花结果特性和生长发育特性等。

第一节　李生物学特性

李的生物学特性主要包括根、枝、芽、叶、花、果等的生长发育特性。如图1，可见李树整体的树体结构。

一、根

1 根系分布

李为浅根系树种，主根不发达，吸收根主要分布在20～40cm深的土层中，其水平分布可达树冠的2.5～3倍。根系的分布同时还与砧木种类、品种特性、土壤条件及地下水位等有关。

2 砧木对根系的影响

李可采用毛桃、山桃、山杏、毛樱桃等作为砧木嫁接繁殖，砧木不同，李的根系也不同。一般毛樱桃作砧木时根系较浅，用山杏作砧木时深层根系分布多，山桃作砧木时根系介于二者之间。

图1　李的树体结构

3 根蘖

李根系容易形成不定芽，不定芽萌发后长出地表形成根蘖。可以用根蘖来繁殖苗木，根蘖的生长消耗营养。

二、枝

李为小乔木，可培养成有主干和中心干的树形，枝条是构建树冠和树形的基础。

1 枝条的种类

（1）按在树冠内的位置分类 可以分为骨干枝和结果枝组。骨干枝是构成树冠形状的主要枝条，包括主干、主枝和侧枝。树冠内除骨干枝以外的枝条为结果枝组，结果枝组内有结果枝和营养枝之分。

①**主干** 是根颈至第一个主枝之间的部分，是整个树冠的负重部分，也是地上地下养分、水分运输交流的通道。生产中果树主干的高度以40～80cm为宜，乔化果树可稍高，矮化果树可稍低。

中心干是主干在树冠中央向上延伸的部分，是树冠中最大的第一级中心骨干枝。中心干上着生主枝、辅养枝或者结果枝组等，一般要求中心干垂直于地面。

②**主枝** 是指直接着生在中心干上向四周延伸的第二级骨干枝。主枝的数量、长度、开张角度、着生位置、距离和方位角等是树形结构的主要指标。

③**侧枝** 又叫副主枝，是着生在主枝上的第三级骨干枝。大冠树形有侧枝，小冠树形没有侧枝。

④**结果枝组** 各级骨干枝上的小型分枝称为结果枝组，是由1个或多个营养枝和结果枝构成的群体，是着生叶片和开花结果的主要部位。结果枝组数量多、结构复杂，是整形修剪过程中需要着重培养的枝条类型。

（2）按枝条的性质分类　可以分为营养枝和结果枝（图2）。

图2　李的枝条

①**营养枝**　只进行营养生长的枝条，是扩大树冠和形成结果枝的基础。根据其长度可以分为徒长枝、长枝、中枝和短枝（图3）。

图3　李的营养枝

②**结果枝**　着生花芽，能够开花结果的枝条。根据枝条的长度分为长果枝、中果枝、短果枝和花束状果枝（图4）。长果枝的枝条长度在30cm以上，着生大量复花芽，结果后形成健壮的花束状果枝，连续结果能力强。中果枝的枝条长度在10～30cm之间。短果枝的枝条长度在5～10cm之间。花束状果枝的枝条长度在5cm以下，顶芽为叶芽，其下为花芽，节间极短，花束状果枝是李树最主要的结果枝类型，可占结果枝总量的60%以上。

短果枝　　　　　　　　中果枝　　　　　　　　长果枝

图4　李的结果枝

（3）按枝条的生长年限分类　可以分为新梢、1年生枝、2年生枝和多年生枝（图5）。

①新梢　芽萌发后抽生出的带叶枝条叫新梢。

②一年生枝　新梢秋季落叶后到第二年萌芽前叫一年生枝。

③二年生枝　着生新梢或一年生枝的枝条叫二年生枝。

④多年生枝　3年生及其以上的枝条称为多年生枝。

生长季枝条　　　　　　　　　　休眠期枝条

图5　李的枝条

2 树冠

李树冠多开张或半开张，呈自然开心形或自然圆头形（图6）。

自然开心形　　　　　　　　　　自然圆头形

图6　李的树冠

三、芽

1 叶芽

李的叶芽形状多瘦弱，萌发后仅抽生新梢（图7）。叶芽萌芽力强，成枝力中等或偏弱。芽具有早熟性，各类枝条的顶芽都是叶芽，侧芽多为复芽。枝条基部有潜伏芽，潜伏芽寿命长，有利于树冠更新。根系上可产生不定芽，萌发后形成根蘖苗。

图7　李的叶芽

2 花芽

李的花芽为纯花芽，较肥大，每个花芽中有1～4朵花。单花芽和复花芽的着生节位、数量与品种特性、枝条种类及枝条着生位置有关。一般中国李复花芽多，欧洲李和杏李多为单花芽。长果枝上复花芽多，单花芽少；短果枝上单花芽多（图8）。

单花芽 复花芽

图8　李的花芽

3　芽的排列方式

芽着生在枝条的顶端或叶腋间，腋芽在枝条上呈螺旋状排列，呈2/5叶序。每个叶腋着生的芽数量不等，有单芽和复芽之分（图9）。

单芽 双芽 三芽

图9　李芽的排列方式

（1）**单芽**　在一个芽位上只着生1个芽的称为单芽，单芽多为叶芽。

（2）**复芽**　在一个芽位上着生2 ~ 3个芽的称为复芽，李的芽多为复芽。2个芽时多为1个叶芽和1个花芽，也有2个都是花芽的。3芽并生时常常中间为叶芽（也称主芽），两侧为花芽（也称副芽）；也有2个叶芽1个花芽并生的；也有3个叶芽并生的或3个花芽并生的。

四、叶

1　叶片

李叶片有长倒卵形、倒卵圆形、长圆披针形、宽披针形等多种形状。叶柄上有2 ~ 4个腺体（图10）。

正面　　　　　　　　　　　　　　　　背面

图10　李的叶片

2　叶幕

树冠的指标包括树冠形状、树冠高度、冠径、叶幕厚度、叶幕是否分层等（图11）。随着物候期的变化树冠叶幕形状也发生变化。

图11　李的树冠

五、花

李的大多数品种为完全花，包括花柄、花托、萼片、花瓣、雄蕊和雌蕊，单生或2～5朵簇生，白色。李成花容易，花量大，但受品种和外界环境条件的影响常产生不完全花，表现为雌蕊瘦弱、短小或畸形，不同品种、不同年份间雌蕊退化比例不同（图12）。李自然坐果率低，需配置授粉品种，以提高坐果率。

完全花

败育花

图12　李的花

六、果实

李的果实为核果，有扁圆形、椭圆形、长圆形、圆球形、梨形、心形等。果顶微凸、平或微凹。果皮底色有黄、绿、橙黄、红、紫、蓝等颜色（图13）。果核有离核、半离核或黏核（图14）。

图13　李的不同底色果实

离核　　　　　　　　　　　　　黏核

图14　李的离核与黏核品种

第二节　李开花结果特性

李嫁接苗定植后2～3年开始开花结果，5～8年后进入盛果期。李枝条顶芽均为叶芽，腋间花芽结果。

一、开花

李花开放的过程可以分为以下几个时期（图15）：

花蕾期：仅现花苞阶段。

初花期：5%的花开放。

盛花期：50%以上的花开放。

盛花末期：95%的花开放。

终花期：花全部开放并有部分开始脱落。

落花期：大量落花至花朵落尽。

花蕾期

初花期

盛花期

落花期

图15　李部分开花时期

二、坐果

李品种中大多数自花不结实，需要异花授粉，特别是中国李和美洲李，而欧洲李品种可分自花结实和自花不结实两类。中国李的花粉发芽率显著低于仁果类的苹果和梨，授粉受精好坏对产量影响较大。如花期温度过低或遇不良天气，受精时间将延长。

李树花多，坐果率较低，特别是在气候和土壤条件不良的情况下，落花落果严重。第1次是花后带花柄脱落（落花），主要原因是花器发育不完全；第2次在开花后20天左右，幼果为绿豆粒大小时，幼果和果梗变黄开始脱落，直至核开始硬化为止，其原因主要是授粉受精不良等。第3次落果即"六月落果"，主要是由于发育过程中缺乏足够的营养。有些品种采前有落果现象，多是遗传引起的。

三、果实发育

花授粉受精后果实开始发育，发育过程呈双S曲线。不同品种果实的发育天数不同，为60 ~ 170d，可以分为3个时期。

1 发育初期

自授粉后到开始硬核。果实生长较迅速（图16）。

图16　发育初期

2 **硬核期**

果核开始发育，种仁变成乳白色，果实生长缓慢。

3 **成熟期**

果实迅速增大，生长快，至果实发育成熟（图17）。

图17 成熟期

第三节 李年生长周期

李为落叶果树，年生长周期有生长期和休眠期之分。

一、生长期

李树根系的生长节奏与地上部各器官的活动密切相关。幼树一年中根系有3次生长高峰：春季温度上升，土壤温度适宜时出现第1次生长高峰；新梢缓慢生长果实尚未迅速膨大时，出现第2次生长高峰；秋季土壤温度降低时，出现第3次生长高峰。成年李树一年只有两次明显的根系生长高峰：春季气温达到5℃，土壤温度达到6~7℃时根系开始活动，开始生长缓慢，直到新梢旺长结束时，形成第1次发根高峰，秋季出现第2次发根高峰。

李树枝条一年有2~3次生长高峰。早春萌芽后，随气温升高，根系生长、叶片增多，新梢进入旺盛生长期；5月上中旬开始形成叶幕，多数品种新梢在6月上中旬停止生长，形成春梢；以后，如水分、养分充足，新梢又开始生长，形成夏梢或秋梢。

李果实的发育过程和桃、杏等核果类基本相同，果实生长发育的特点是有2个速长期，在2个速长期之间有1个缓慢生长期，生长发育呈双S形曲线。

1　萌芽开花期

李为先花后叶果树。李树开花要求的平均气温是9~13℃，花期为7~10d，单个花的寿命为5d左右（图18）。与其他果树相比，李树春季开花较早，中国李是仅次于梅、杏开花较早的树种。一般情况下，短果枝上的花比长果枝上的花开得早。大石早生、美丽李等品种在辽宁南部4月上中旬开花。欧洲李系统的品种开花较晚，一般比中国李系统的品种开花晚7~10d。

图18　萌芽开花期

2　新梢生长期

李树开花的同时叶芽萌发，新梢开始缓慢生长，4月中下旬新梢进入迅速生长期，5月上旬新梢生长缓慢，5月下旬新梢停止生长，7月新梢开始二次生长，并抽生副梢。李树的芽具有早熟性，一年可抽生2～3次新梢。

3 花芽分化期

李花芽分化期可分为未分化期、开始分化期、萼片分化期、花瓣分化期、雄蕊分化期和雌蕊分化期共6个时期。李的花芽分化不但早，而且持续时间长，各时期均有重叠。一般6月初开始花芽分化，主要集中在7～8月，花束状果枝和短果枝上的芽进入分化期早，中、长果枝因为生长旺盛，停止生长晚，所以进入花芽分化期较晚，但到秋季均可分化到雌蕊分化期，第2年春季形成胚珠和花粉粒，直到花朵即将开放时完成花芽分化（图19）。不同地域、不同品种的李花芽分化期不同。

图19　李当年秋季形成花芽

4 果实发育期

果实发育期一般是在5月下旬至7月上旬。成熟期一般是在6月中旬至8月中旬，根据果实成熟期，可以将李品种分为早熟品种、中熟品种和晚熟品种。

二、休眠期

秋季温度降低后，李树开始落叶，进入休眠期，一般为11月下旬至翌年2月份。

第四节　李生命周期

李为落叶小乔木，自然生长时，中心干容易消失，形成开张树冠。幼树生长旺盛，发枝多，树势较强，形成树冠快，呈圆头形和圆锥形，有利于早结果、早丰产。中国李一般2～3年开始结果，5～6年进入盛果期，管理较好的果园25～30年生树还可持续有较高的产量。一般情况下，李树的经济寿命比杏树短。

幼树期生长迅速，树势旺，1年内新梢有2～3次生长。2～3年开始结果，5～8年进入盛果期，寿命为15～30年。

一、幼树期

李树的长果枝多为复花芽，是幼树的主要结果枝。其中上部形成的花芽，第2年结实能力较差，叶芽能形成质量较高的花束状果枝，是第3年优良的结果母枝。通常情况下，2～3年生树短果枝结实能力高，5年以上生树短果枝结实能力减退（图20）。

图20　幼树期

17

二、初果期

李树进入结果期后先为初果期（图21），萌芽率高，成枝力弱，短枝多，容易成花。中果枝上部和下部多单芽，中部多复花芽，次年也可发生花束状果枝。短果枝多单花芽。

三、盛果期

盛果期时（图22），花束状果枝除顶芽为叶芽外，下面排列紧密的花芽，连续结果能力强，可连续2～6年结果，一般2～4年时结实能力最高，结果部位外移较慢。

图21　初果期

盛果期开花状

盛果期结果状

图22　盛果期

四、衰老期

树势衰弱，成花能力和结果能力下降，局部枝条枯死并出现更新枝。

第五节　李对环境条件的要求

李对环境条件的要求主要考虑温度、光照、水分、土壤等条件指标。

一、温度

李树对温度的要求因种类和品种不同而异。中国李、欧洲李喜温暖湿润的环境，美洲李比较耐寒。同是中国李，生长在我国北部寒冷地区的绥棱红、绥李3号等品种，可耐-42 ～ -35℃的低温；而生长在南方的芙蓉李等则对低温的适应性较差，冬季低于-20℃就容易受影响，不能正常结果。

李树各器官中花芽的耐寒力最弱。花期最适宜的温度为12 ～ 16℃，花期如遇极端低温天气，受冻程度会更重。不同发育阶段对低温的抵抗力不同，花蕾期遇-5.5 ～ -1.1℃低温就会受害，花期和幼果期遇-2.2 ～ -0.5℃低温即发生冻害。

不同原产地的李对温度的要求不同，原产北方的品种抗寒性强，休眠期可耐-40 ～ -35℃的低温，而原产南方的品种冬季在-15℃就会发生冻害。

生长季节适宜的温度为20 ～ 30℃。不同发育阶段需要的温度也不同。

二、光照

李是喜光树种，光照充足、树体通风透光好，则植株生长健壮，花芽饱满，果实着色好，糖分高，品质佳。李树一般在水分条件好、土层比较深厚、光照不太强烈的地方，也能生长良好。在阴坡和树膛内光照差的地方生长则果实成熟晚，品质差，枝条细弱，叶片薄。因此园址的选择应在光照较好的地方，并选择合理的树形，有利于李树的高产、优质。

三、水分

李树的根系分布较浅，对土壤水分变化反应较敏感，属于抗旱性和耐涝性中等的果树。但不同种类、品种、砧木对水分要求不同。中国李适应性较强，在干旱和潮湿地区均能生长。欧洲李和美洲李对空气湿度要求较高，喜欢湿润环境。北方李较耐干旱，适于较干旱条件栽培；南方李比较耐阴湿，适应温暖湿润条件栽培。在暖湿地区要起垄栽培，阴雨季节和多雨地区，要注意排水防涝。毛桃砧一般抗旱性差、耐涝性较强，山桃砧耐涝性差、抗旱性强，毛樱桃砧根系浅、不太抗旱。

李对水分要求较高，对土壤水分敏感。土壤含水量在田间持水量的60% ~ 80%时，最适于根系的生长，土壤过于干旱或过湿都不利于根系的生长。

四、土壤

李树对土壤条件的适应范围较广，在各种类型土壤上都能正常生长发育。对土壤的适应性以中国李最强，几乎能适应各种土壤，欧洲李、美洲李适应性不如中国李。但所有李均以土层深厚的沙壤、壤土栽培表现好，黏性土壤和沙性过强的土壤应加以改良。李对土壤酸碱度的适应能力强，在pH为6.5 ~ 7.5的土壤均生长良好。李对盐碱土适应性也较强。

第二章

李常用树形及培养方法

李整形修剪的作用

李树修剪方法

李常用树形的培养

李的常用树形

李树常用的树形有自然开心形、小冠疏层形、自由纺锤形、Y形、多主枝自然杯形等。在整形修剪时要明确目标树形的树体结构特征，按照一定的目标逐年逐步培养，一个园子要以一个树形为主，树形尽量统一。生产中以自然开心形最为常用。

李树与修剪有关的主要特性有以下几点：

（1）生长旺盛，树冠高大，幼树极性生长明显，需要及时注意开张角度，控制树势。

（2）芽具有早熟性，可以形成二次枝、三次枝等副梢，生长量大，有利于加速整形，但也容易造成枝量过大，树冠郁闭，影响树冠内光照。

（3）萌芽率高，成枝力高，成花容易，能够形成较多的花芽，花束状结果枝结果能力强。花束状结果枝顶芽为叶芽，其他结果枝也容易形成花束状结果枝（图23）。

图23　李的花束状结果枝

（4）缓放枝条萌芽率可达90%以上，轻剪后易发生长枝。

（5）隐芽寿命长，树体易更新，结果枝组衰老后可以通过疏枝、回缩等方式刺激隐芽萌发，重新培养结果枝组。

第一节　李的常用树形

一、自然开心形

1 树体结构

干高30 ~ 50cm，无中心干，主枝3个，侧枝6 ~ 9个，在主、侧枝上配置各类枝组，树高不超过3.5m，树冠呈开心形（图24）。主枝向行间或斜向行间伸展（一般东南方向、西南方向、正北方向各留一个），层内距10 ~ 15cm，各主枝间水平夹角保持在120°左右，主枝开张角度为45°~ 50°。每个主枝上培养2 ~ 3个侧枝，第一个侧枝距主干50 ~ 60cm，水平伸展，与主枝成60°夹角；第二侧枝着生于第一侧枝对面，距第一侧枝40 ~ 60cm，水平生长，与主枝成70°

图24　自然开心形

23

夹角，第三侧枝着生于第二侧枝的对面，距离为60～80cm，斜向下伸展，与主枝成80°夹角。侧枝均匀分布在主枝两侧，防止交叉，在主枝和侧枝上培养结果枝组。

2　树形特点

该树形特点是主干矮，无中心干，主枝少，分布合理，与主干结合牢固；侧枝强，枝条密，树冠开心形，光照好，通风好，生长旺盛。枝组寿命长，有效结果体积大，丰产性好，一般3～4年即可基本成形，树形容易培养。缺点是树冠叶幕薄，立体结果能力欠佳，背上枝较强，生长旺盛，容易形成强旺枝，需注意控制背上枝的生长势。

该树形适用于稀植园，种植时株行距为3m×（4～5）m，适宜直立性强的品种使用。

二、小冠疏层形

1　树体结构

干高50～60cm，有中心干，树高3～4m，冠径2～3m（图25）。全树主枝6个，呈"3-2-1"排列，即第一层3个主枝，互相间水平夹角为120°，第二层2个主枝，第三层1个主枝，后期落头后保留第一层和第二层，共5个主枝。第二层和第三层的3个主枝水平夹角也是120°，与第一层主枝错位排列，全树6个主枝的水平夹角互为60°。第一层和第二层主枝的层内距为15～20cm。第一、二层主枝间的层间距70～80cm，第二、三层主枝间的层间距40～50cm。第一层主枝上各培养侧枝1～2个，第二层主枝上各培养侧枝1个或不留侧枝，第三层主枝不培养侧枝，同级侧枝在主枝的同一侧，第二个侧枝在第一个侧枝的对侧。主枝角度较开张，以70°～80°为宜，下层主枝开张角度大于上层。在中心干、主枝和侧枝上配置大、中、小型结果枝组。后期落头开心，去掉第三层主枝后称两层疏散分层形。

图25 小冠疏层形

2 树形特点

小冠疏层形叶幕分布均匀，骨干枝小而少，特别是侧枝少而小，结构简单，分枝级次低，修剪方法简单，易于成形。结果部位多，产量高。

适宜于株行距（3～4）m×（4～5）m的中等密度栽植。适用于干性强、树势强健、树冠较大的品种。

三、自由纺锤形

1 树体结构

干高60～80cm，中心干直立，树高2.5～3m，冠径2～3m（图26）。中心干上均衡配备主枝8～12个，主枝间距15～20cm，不分层，同方向主枝间距应大于100cm。越往上主枝越短，下部主枝长约1.5m，上部主枝约1m。主枝上不留侧枝，平展地向周围延伸，互相插空分布。以培养单轴延伸的中、小型枝组为主。下部主枝开张角度为80°～90°，其上留稍大枝组；上部主枝开张角度为70°～80°，其上留稍小枝组。

2 树形特点

　　该树形呈下大上小的纺锤形，中心干—主枝—枝组间从属关系分明，差异明显，中心干、主枝、枝组轴直径比例为9：3：1，当主枝粗度超过中心干的1/2时应及时更新。

　　适于株距2～3m、行距4m左右的栽植密度。适用于发枝力强、树冠开张、树势不旺的品种。

图26　自由纺锤形

四、Y形

1 树体结构

　　干高50 ~ 70cm，无中心干，树高2 ~ 2.5m，全树有两个主枝伸向行间，主枝开张角度为60°~ 80°。每个主枝有侧枝1 ~ 2个，或直接着生大、中、小型枝组，在主枝上左右交错排列（图27）。

图27　Y形

2 树形特点

　　该树形结构简单，成形快，结果早且均匀整齐，果形端正，品质好，枝叶生长缓和，花芽容易形成，利于管理和提高果品质量。树体内部光照条件好，可避免上强下弱，但该树形修剪量大，修剪不当时易出现越剪越旺的现象，树势不易控制。

　　适于土壤较瘠薄、肥水条件较差的山坡地或平地的密植园。适宜的株行距为（1 ~ 2）m×（3 ~ 5）m。

五、多主枝自然杯形

1 树体结构

树高2.5 ~ 3m，干高30 ~ 50cm，主枝3 ~ 5个，单轴延伸。主枝上不着生侧枝，直接着生大、中、小型的结果枝组。主枝开张角度为25°~ 35°（图28）。

图28 多主枝自然杯形

2 树形特点

该树形结构简单紧凑，成形快，通风透光，果实品质好，树体丰产、稳产性强。树干低，树冠小，作业方便，便于管理。缺点是容易造成主枝上强下弱、基部光腿现象。多主枝自然杯形适合立地条件较差的地方应用。干性较弱的品种也可采用此种树形。

适于株距2 ~ 3m，行距4m左右的栽植密度。

六、自然圆头形

也称圆头形或自然半圆形。干高30～40cm，留3～4个排列均匀的主枝，每个主枝上保留2～3个侧枝。主枝自然生长，开张角度较小。最终形成半圆形的树冠（图29）。

自然圆头形多用于管理粗放的李园。修剪量小，整形容易，结果早，但容易树冠郁闭，内膛结果量少。需注意疏除或回缩密集的枝条，打开光路，保持树冠的通透性。

图29　自然圆头形

第二节　李常用树形的培养

一、自然开心形的培养

1 **第一年培养过程及整形要点**

苗木定植后留80cm定干。萌芽后，抹去离地60cm以内的芽，在整形带内（20cm）选留3个主枝，其余的枝条疏除，主枝间水平夹角为120°左右（图30）。第一主枝水平距离第二主枝10～15cm，第二、三主枝间距10cm左右为宜。主枝长度达70cm以上时摘心，促进发副梢以选留侧枝。9月下旬对未停止生长的新梢摘心，促进枝条成熟。

冬季修剪时对主枝进行中短截，剪留70cm左右，剪口芽选用外侧饱满芽，保持主枝以一定的角度逐年向外延伸。在主枝距基部50～60cm处选下侧方枝条作第一侧枝，将过密枝疏除，其余枝条缓放不剪，培养成结果枝组。

图30　自然开心形

2　第二年培养过程及整形要点

第二年生长期及时疏除徒长枝和旺盛直立枝。当主枝剪口芽新梢长到40cm时，留外芽摘心，促发副梢，有利于开张角度。侧枝新梢长度达40cm时也可摘心，促使萌发分枝。其余旺枝过密的疏除，有生长空间的可摘心。疏除摘心后萌发的二次枝密者，留者超过40cm再摘心，控制生长增加分枝。

冬季修剪时，各主枝的延长枝留50～60cm短截，和上年方法相同，培养延长枝，上年未培养第一侧枝的可选留第一侧枝，上年已培养第一侧枝的可培养第二侧枝。第一侧枝留40cm剪截。在距第一侧枝40～60cm与第一侧枝对侧方选留第二侧枝，侧枝基部应着生在主枝背侧方，侧枝与主枝的夹角为70°，侧枝剪留要比主枝短。在主枝和侧枝上多留小枝组，增加结果部位和荫蔽主枝以防日灼。

3 第三年培养过程及整形要点

第三年可以选留第二侧枝或第三侧枝，方法参照第二年。树形基本成形，控制树势，缓和生长势，增加花芽数量，提高花芽质量，促进成花，为早果丰产奠定基础。

二、小冠疏层形的培养

以培养干高60cm的小冠疏层形为例。

1 第一年培养过程及整形要点

栽植后在1m处定干，留40cm的整形带，将来把剪口下留的第一芽萌发的新梢培养成中心干延长枝，剪口下第二芽萌发的新梢培养成第三主枝，在距离第二芽往下约20cm处选与第二芽水平夹角约120°的第三芽培养成第二主枝，在距离第二芽往下约40cm处选与第二芽、第三芽水平夹角均为120°的第四芽培养成第一主枝。整形带内其余的芽、整形带以下主干部分的芽在发芽后全部抹除（图31）。

秋季将长度达到1m的主枝拉开角度为70°～80°。9月

图31　第一年培养的小冠疏层形李

份对没有停止生长的枝条摘心，促进枝条充实。

冬季短截中心干延长枝和主枝。中心干延长枝剪留80 ～ 100cm，主枝剪留50 ～ 60cm。疏除中心干和主枝以外的其余小枝。

2 第二年培养过程及整形要点

春季萌芽后，在中心干延长枝上继续选留中心干延长枝和第二层主枝。第一新梢留作中心干延长枝，第二新梢留作第二层的第五主枝，第二新梢以下约20cm的新梢选作第四主枝。第四、第五主枝的水平方位角夹角为120°，且与第一、二、三主枝错开60°。中心干延长枝上其余新梢摘心或抹除，控制生长。秋季第四、五主枝拉枝开张角度为60°～ 70°，摘心控长（图32）。

图32 第二年培养的小冠疏层形李

主枝萌芽后选留其上方位置合适的第一新梢作主枝延长枝，第二个新梢通过扭梢、摘心等方式控制生长，防止同第一新梢形成竞争枝。冬季修剪时如果长成了竞争枝，就需要疏除。

在主枝上距离中心干20cm以外的地方的健壮新梢可以培养成侧枝。注意侧枝不能是背上枝，一般留主枝背下侧方向的枝条。背上枝通过摘心、扭梢等方式控制生长，培养成结果枝组。

冬季修剪时留下位置合适、生长适宜的枝条，疏除强旺枝和过密的枝条。

3 第三年培养过程及整形要点

第三年、第四年参照前两年的方法培养第三层的第六个主枝，主枝开张角度为50°～60°，第二层和第三层的层间距为40～50cm，同时培养第一层、第二层主枝上的侧枝（图33）。

在中心干、主枝、侧枝上培养各类型结果枝组。

图33　第三年培养的小冠疏层形李

三、自由纺锤形的培养

以培养干高60cm的自由纺锤形为例（图34）。

1 第一年培养过程及整形要点

与小冠疏层形第一年的培养方法相同。建园时要求苗木健壮，苗高1.5m左右。定干高度80～100cm，萌芽前在剪口下30cm的枝段内按所需主枝发生位置进行芽上刻伤，促发长梢，当年可抽生3～5个枝条，抹除过密新梢，对上部过强的主枝新梢摘心，控上促下，均衡势力。注重培养强壮的中心干，主枝开张角度要早，以控制主枝的生长势，有利于成花和培养结果枝组。

2 第二年培养过程及整形要点

长势较弱的中心干在30～50cm处短截，下部选方向适宜的进行双重刻芽促梢，上部新梢摘心控制其生长。对于长势较旺的中央领导干可长放不剪。主枝前期基本不短截或轻短截，单轴延伸，拉平缓放。

3　第三年培养过程及整形要点

3 ~ 4年后，树冠基本形成。修剪过程中及时疏除直立、过旺、过大、过密枝，保持中心干的优势，对主枝应拉枝开角，缓和生长势，及时培养中小型结果枝组。

结果枝组超过5年的需要及时疏除，利用萌蘖枝培养新的结果枝组。

图34　自由纺锤形

四、Y形的培养

苗木栽植后在60 ~ 80cm处定干。萌芽后抹除距离地面40cm以下的芽，秋季在整形带内选择长势和方向合适的2个枝作为主枝，并按树形要求拉向行间，疏除旺枝，其余枝条拉平作为辅养枝（图35）。在冬季对两个主枝进行轻截。

第二年冬剪时，短截延长枝，疏除竞争枝，选留第一侧枝。

第三年冬剪时，按第二年方法培养第二侧枝。

第四、五年冬剪时按前面方法继续培养树体。

图35　Y形

五、多主枝自然杯形的培养

1 第一年培养过程及整形要点

第一年苗木栽植后于50～60cm处定干。萌芽后选留3～5个分布均匀、生长健壮、角度适宜的新梢作为主枝，其余的枝条可以进行缓放或摘心。冬季修剪时各主枝剪留60cm左右，疏除竞争枝、背上直立枝、徒长枝等，其余的枝条轻剪或缓放。

2 第二年培养过程及整形要点

第二年萌芽后从剪口下长出的新梢中选择方向合适的健壮枝条，作为主枝延长枝培养，其余的枝条可通过前期摘心培养为结果枝组。在整个生长季节中，进行2～3次夏季修剪，使枝条长势均匀。及时疏除竞争枝，保留或轻剪生长中等的斜生枝，促其提早形成花芽。冬季修剪时对各主枝延长枝仍然剪留60cm左右，一般枝条应轻剪或缓放。其余的枝条按空间的大小培养成大小不同的枝组。

3 第三年培养过程及整形要点

第三年按上年的方法继续培养主枝延长枝，并在各主枝上均匀培养结果枝组。避免互相交错重叠。

第四年继续培养结果枝组，完成树形培养（图36）。

图36　多主枝自然杯形

第三节　李树修剪方法

在整形修剪时要掌握基本的修剪方法，包括缓放、短截、疏枝、回缩、拉枝等。对于不同的修剪方法，要明确其修剪的对象、目的、方法、修剪反应等。在具体修剪时要根据修剪的需要选择合适的修剪方法。

一、生长期修剪方法

生长期修剪也称夏季修剪，是李树发芽后至落叶前进行的修剪。生长期修剪目的主要是去除萌蘖、开张枝条角度、缓和树势、提高坐果率、促进花芽分化。生长期常用的修剪方法有刻芽、抹芽、摘心、剪梢、回缩、拉枝、刻伤、除萌蘖等。依据修剪进行的时期又可分为春季修剪、夏季修剪和秋季修剪等。

1　刻芽

春季萌芽前在枝干芽的上部或下部横刻一刀，深达木质部。在芽上部刻伤能促进芽的萌发，增强其生长势，在芽下部刻伤会抑制芽的萌发生长，缓和其生长势（图37）。刻芽的深度要切透韧皮部，宽度要

图37　刻芽

比所刻部位芽的着生位置宽一些。需要刺激隐芽萌发的可以刻的深一些，或者采用目伤的方式进行。

2 抹芽

树干上的芽萌发后未长成枝时及时抹除，叫抹芽。抹芽可以减少养分消耗，降低以后的修剪工作量，特别是背上的强旺芽、延长枝剪口下的竞争芽、疏枝伤口处的萌芽等要及早抹除（图38）。

图38 抹芽

3 摘心

在果树生长季节对未停止生长的新梢摘去顶端一段带嫩叶的新梢叫摘心。摘心主要作用是控制枝梢旺长，促发副梢，促进花芽分化，促进枝条充实等（图39）。夏季摘心可以促发二次枝加速整形，一般在新梢长至5 ~ 20cm时进行，摘心次数随树势和要求而定。幼树多次摘心有利于促进短果枝和花束状果枝的形成。9月下旬对没有停止生长的枝条全部摘心可促进枝条充实，增强枝条越冬能力，减少春季抽条的发生。

图39 摘心

4 剪梢

在生长期剪去一段带成熟叶的新梢称为剪梢。对背上强旺新梢留3 ~ 10cm剪梢可控制生长，促发分枝，培养成小型枝组（图40）。

图40 剪梢

5 扭梢

扭梢是夏季修剪常用
的方法，主要用于控制强
旺枝的生长势，促进成花。
一般是在枝条半木质化时
扭梢，用拇指和食指捏住
新梢距离基部3 ~ 5cm的
半木质化处扭转180°，
使枝条的木质部受到损伤，
枝条的生长方向由直立变
为下垂（图41）。

图41 扭梢

6 疏梢

疏除骨干枝、地下茎、根系等萌发产生的萌蘖枝，以及树冠内多
余的新梢，以免扰乱树形，消耗过多的养分（图42）。

疏梢前

疏梢后

图42 疏梢

7　调整枝条角度

　　调整枝条角度是果树整形修剪上很重要的一类修剪方法，包括开张角度、抬高角度和调整方位角，最常用的是开张角度和调整方位角。开张角度是将角度小、生长直立或较直立的枝条，用拿枝、扭梢、撑、拉、吊等方法，把枝条角度调整到适当大小，以缓和树势并改善通风透光条件。有时候也需要配合抬高角度的修剪方法来提升下垂的枝条角度，由此复壮树势。当骨干枝方位角不当、相互密挤或重叠时，通过调整方位角可达到互不干扰的目的（图43）。

撑枝　　　　　　　　　　　　拉枝

换头　　　　　　　　　　　　吊枝

图43　调整枝条角度

　　生长期是调整枝条角度最佳的时期。拉枝全年都可以进行，但以7月底至8月初效果最好，扭梢、拿枝在6月进行效果最好。调整枝条角度时应注意防止枝条劈裂，尤其是基角小的枝条，更要小心进行。

二、休眠期修剪方法

休眠期修剪也称冬季修剪，是在李树落叶后至第二年萌芽前进行的修剪。休眠期常用的修剪方法有缓放、短截、疏枝、回缩、拉枝等。

1 缓放

缓放即对枝条不动不剪，任其自然生长。缓放全年均可使用，其主要对象是长度达到整形要求的各级骨干枝延长头，生长势缓和的结果枝组，位置合适的斜生枝、中庸枝等（图44）。缓放可以缓和枝条生长势，促进成花，培养结果枝组，增加枝量，加快树干和枝条加粗生长。缓放后的枝条萌芽率低，成枝力弱；单轴延伸，分枝少而小，或无明显分枝，可培养单轴延伸的结果枝组。需要注意的是，背上直立枝、竞争枝、锥形枝、徒长枝、裙枝、根系萌蘖等枝条不宜缓放。缓放枝长到一定程度时就必须及时回缩，控制其延长生长，增大枝干的支撑力，有利于空间处可培养分枝，增加结果部位，从而增加产量。

图44 缓放

2 短截

短截是冬季修剪常用的修剪方法之一，即剪掉一年生枝的一部分。修剪时剪口离剪口芽3～5mm，一般留下芽，有利于新生枝条角度开张。剪口芽的一侧稍微高一点，呈一个斜面，这样容易愈合，剪口芽生长较快（图45）。短截的对象为一年生枝，包括延长枝、徒长枝、长枝、中枝和短枝等各类需要增加分枝的枝条，多用于骨干枝和大中型结果枝组的培养。不同枝条短截的目的不同，短截中心干延长枝、主枝延长枝、侧枝延长枝用于培养树体骨架；短截营养枝或徒长枝可抑制强壮枝的生长，培养结果枝组；短截较弱的枝条用于抽生强壮的新梢或抽生中庸的结果母枝；短截结果母枝可减少花量、合理分配树体营养、克服大小年结果现象等。

图45 短截

短截是促进营养生长的修剪方法，在幼树期应用较多，但要控制短截枝条的量，防止营养生长过旺，推迟成花结果。根据短截的程度可分为轻短截、中短截、重短截和极重短截等，在修剪时要依据树势、枝条生长情况等灵活掌握应用。

3 疏枝

疏枝是将枝条从基部剪除，要求剪口小而平滑，不留残桩，从而有利于伤口愈合。疏枝的对象可以是一二年生枝，也可以是多年生枝条；可以是一个枝条，也可以是一个枝组，更有甚者是一个主枝。在小冠开心形改造时的"提干"就是将基部的主枝疏掉，重叠枝、密集枝、交叉枝、竞争枝（图46）、细弱枝、徒长枝（图47）、主干裙枝、枯死枝、病虫危害枝及没有发展空间的枝条等均可疏除。细小枝用修枝剪剪除，大枝用手锯锯除。密枝疏除时先去下垂枝，再去直立枝，多留平斜枝。需要注意，疏枝后留下的大伤口要涂抹愈合剂进行保护。

图46　疏除竞争枝

疏枝前　　　　　　　　　　　　　　　疏枝后

图47　疏除背上徒长枝

　　疏枝能减少枝量，减少生长点，节省营养，使枝条分布均匀，改善通风透光条件。疏除竞争枝可保持延长枝优势，平衡骨干枝生长；疏除弱枝可复壮结果枝组，延长结果枝组寿命。对于衰弱的树多采用疏弱留强的方法集中养分，恢复树势；对于强旺的树多采用疏强留弱的方法控制营养生长，缓和树势，促进花芽分化和开花结果。

4 回缩

回缩是对2年生以上的枝进行剪截，一般是在某一分枝之前剪截。回缩时剪锯口下要留枝，有利于伤口愈合。回缩的轻重要依据枝干生长势强弱、空间大小、树形要求等决定，必要时可分年逐步回缩到位。回缩较重时下部的分枝暂时不修剪。回缩可以增大尖削度，使树体骨架牢固；改变骨干枝或枝组的延伸方向；促进花芽发育，使花芽充实饱满；减少枝量，使养分集中在较少的枝上，改善通风透光条件，使生长势增强；缩短枝轴，减少根系与枝条养分运输的距离；促生萌蘖，重新培养结果枝组，增加结果部位；回缩交叉枝、重叠枝、过长枝、下垂枝、衰弱枝可控制枝条生长范围，防止结果部位外移；回缩强旺枝条则有削弱纵向延长生长势的作用（图48）。

依据回缩的修剪量可分为轻回缩、中回缩、重回缩和落头等。

图48 回缩

5 调整枝条角度

休眠期也可以调整枝条角度，方法与生长期基本相同。

三、结果枝组修剪方法

结果枝组是结果的主要单位，在树形培养的同时要做好结果枝组的培养与更新。结果枝组的培养方法很多，目前生产中以先放后缩法和先截后放法为主，要依据树冠内枝条原有的情况以及培养枝组目标的不同而采用不同的培养方法。

1 先放后缩法

（1）不剪缓放，见花回缩　将位置合适、生长势中等的中庸枝、斜生枝、直立枝等发育枝缓放，形成结果枝后回缩，再利用下部的发育枝培养枝组。

（2）连年缓放，单轴延伸　对生长势中庸、平斜的枝条连年缓放，可以培养单轴延伸的结果枝组，此法在短枝型品种、纺锤形等树形上用得比较多。单轴枝组结果能力下降后需在合适部位回缩，更新结果枝组，恢复结果能力。

2 先截后放法

（1）先轻剪，后回缩　一年生营养枝轻短截，刺激提高萌芽率，增加下部分枝，使下部形成短枝结果，再回缩上部旺枝，培养中小型结果枝组。

（2）先中剪，后疏缓　在营养枝中部短截，促使萌发分枝，然后回缩去掉强旺枝，留下中、短枝缓放，即"去强留弱"，可以加大分枝角度，后一年则轻剪甩放，形成中型枝组。

（3）先重剪，后疏缓截　倾斜生长的发育枝或母枝较弱的发育枝，留枝条基部 2～4 个瘪芽重剪，发枝后回缩，去直留平，留下角度大的中壮枝，不剪或轻剪，可形成紧靠母枝的短缩枝组。

3 更新修剪

结果枝组连续结果多年后，生长势衰弱，需要及时进行更新。可以在适当的位置进行回缩，恢复生长势，也可以疏除部分结果枝，使留下的枝条生长势加强，恢复结果能力。对难以恢复的结果枝组可以直接疏除，利用骨干枝上的萌蘖枝重新培养结果枝组。

第四节　李整形修剪的作用

一、树形培养

李树整形修剪的核心目标之一是培养树形，且要维持树形多年不发生大的变化。不同生命周期的整形修剪目的不同：幼树期要加快整形以缩短幼树期，结果期维持树冠结构合理，衰老期恢复和维持结果能力。

二、促进花芽分化

树体营养生长和开花结果是一对矛盾，且贯穿李树管理的始终。在通过整形促进树体加强营养生长的同时也要促进花芽分化，使树体尽快进入结果期。通常采取的促进花芽分化的修剪措施有：抹除旺枝上的强旺新梢，疏除过密枝，拉枝开张角度，使树冠内枝条分布均匀，长势中庸，以促进花芽分化，培养健壮的结果枝组，提高花芽枝量；去除强旺枝条，抑制营养生长，改善树冠内的通风透光条件。修剪时注意控制修剪量，过重的修剪会刺激营养生长。

三、枝组培养与更新

结果枝组是开花结果的枝条，在培养树形的基础上，需要在中心干、主枝、侧枝等骨干枝上配置结果枝组，结果枝组培养与树形培养同步进行。结果枝组在幼树期、结果初期以培养为主，盛果期以维持、更新为主，衰老期则以更新为主。

第三章

李整形修剪技术

全世界李属植物共有30多个种，我国现有李属植物资源8个种、5个变种，品种有2 800个之多。生产中主要栽培的为中国李和欧洲李，中国李原产于我国长江流域，是我国栽培李的主要种类，全国各地的李产区均有栽培。欧洲李原产于中国新疆、西亚和欧洲，我国辽宁、河北、山东、吉林、北京等地有栽培。在栽植建园时要依据当地的环境条件和市场选择适宜的品种。

整形修剪在李树的整个管理环节占有极其重要的地位，整形修剪与产量、品质密切相关，要根据不同品种的特性来选择适宜的树形。在整个生命周期中，不同阶段的修剪任务是不一样的，需要根据不同阶段的生长发育特点来确定适宜的修剪方案。在年生长周期的不同时期，要结合树体生长特点进行适宜的修剪，以达到最佳的修剪效果。

第一节　李优良品种

栽培李主要有中国李、欧洲李、美洲李和樱桃李等。从商品性来划分，可以分为中国李和欧洲李，中国李主要用于鲜食，欧洲李除用于鲜食外，还可以用于加工果酱、果汁、白兰地等。

一、主要种类

1 中国李

原产于我国长江流域，树势强健，适应性强，各地均有栽培。小乔木，高9 ~ 12m，树冠圆头形，树皮灰褐色。一年生枝黄红色，二年生枝黄褐色。叶倒卵圆形，先端渐尖或极尖，基部楔形。一个花芽中有2 ~ 3朵花，花白色。以短果枝和花束状果枝结果为主。果实球形、卵球形、圆形或心脏形。果皮有黄色、红色、暗红色或紫色等。果粉厚。果肉为黄色、淡黄色或紫色。核椭圆形，黏核或离核。成熟期为7—8月，结果早，产量高，高抗灰腐病，果实耐贮藏。

2 欧洲李

原产于高加索。乔木，高达6 ~ 15m。叶片下面被短柔毛。以中、短果枝结果为主。果实红色、紫色、黄色或绿色，被蓝黑色果粉，通常有明显纵沟。根系较中国李浅，抗病虫力较弱。抗寒力不及中国李，花期晚于中国李、杏李、樱桃李、美洲李等。

3 美洲李

从中国李和欧洲李的杂交后代中选出。小乔木，高4 ~ 5m，有的可达7 ~ 9m，多枝，多刺，嫩叶无毛，多曲折。花2 ~ 5枚簇生，白色，先于叶开放。以中、短果枝结果为主。果实球形、卵球形或圆锥形，直径2 ~ 3cm。果皮红色，少数黄色，果肉黏核或离核，核扁，光滑。抗寒力极强，对土壤适应性也强。

4 杏李

杏李是蔷薇科、李属乔木，原产于我国北部山区，为中国李的变种。高可达8m，树冠金字塔形，直立分枝；老枝紫红色，小枝浅红色，粗壮，无毛；冬芽卵圆形，紫红色，有数枚覆瓦状排列鳞片，边缘有细齿，通常无毛。叶片长圆倒卵形或长圆披针形，稀长椭圆形，先端渐尖或急尖，基部楔形或宽楔形，主脉和侧脉均明显下陷，下面淡绿色，中脉和侧脉均明显突起，侧脉弧形，托叶膜质，线形，叶柄无毛，花簇生；花梗无毛；花萼筒钟状，萼片长圆形，先端圆钝，萼片与萼筒外面均无毛，花瓣白色，长圆形，雄蕊多数，花丝长短不等，雌蕊心皮无毛，柱头盘状，核果顶端扁球形，红色，果肉淡黄色，质地紧密，有浓香味，扁球形，果期6—7月。

二、优良品种

1 国峰2号

来源：辽宁省果树科学研究所李杏研究室于2005年以晚熟香蕉李为母本、猎人为父本，通过有性杂交育成的极晚熟、优质李新品种

收获期：发育期133d，8月中旬成熟

单果重/大果重（g）：101.176/116.14

果形/果色：圆形/果皮底色黄绿色，成熟时果皮紫红色；果肉黄色

总糖/总酸/可溶性固形物含量（%）：7.4/0.8/16.9

品种特性：果顶平，梗洼深而狭，缝合线较深，两半对称，果实整齐度好，肉质硬脆，可食率高；果汁多，品质极上；半离核，椭圆形，核面较平滑；维生素C含量0.0757mg/g，花青素含量0.726mg/g，硬度7.5kg/cm^2；该品种具有优质、耐贮、果个大、果面漂亮、丰产、栽培适应性强等特点（图49）。

图49 国峰2号

2 国峰7号

来源：辽宁省果树科学研究所于2005年以龙园秋李和澳14李杂交育成的极晚熟、优质李新品种

收获期：发育期138d，8月中下旬成熟

单果重/大果重（g）：70.445/88.34

果形/果色：扁圆形/果皮底色黄绿，成熟时果皮紫黑色，不易剥离；果肉黄色，近皮部分红色

总糖/总酸/可溶性固形物含量（%）：9.0/1.6/21.28

品种特性：果顶平，梗洼深而狭，缝合线浅，两半对称，果实整齐度好；肉质硬脆，风味浓郁；半离核，核倒卵圆形，核面粗糙。维生素C含量0.0995mg/g，硬度10.8kg/cm^2（图50）。

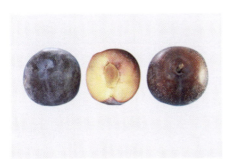

图50 国峰7号

3 红宝石

收获期：6月下旬成熟，早熟

单果重（g）：46.5

果形/果色：近圆形，顶部尖圆/果面鲜红至紫红，果粉多；果肉淡黄色

可溶性固形物含量（%）：14.54

品种特性：半离核；该品种品质上等，肉质松软，酸甜适口（图51）。

图51 红宝石

4 大红李

来源：广东农家品种

收获期：7月上旬成熟，中早熟

单果重（g）：76.5

果形/果色：近圆形，顶部尖圆/果面鲜红至紫红，果粉多；果肉淡黄色

可溶性固形物含量（%）：14.54

品种特性：离核；该品种果大，丰产，肉质松软，酸甜适口，品质上等（图52）。

图52 大红李

5 长李15号

单果重/大果重（g）：35/65

果形/果色：扁圆形/果皮底色绿黄，成熟前由浅红渐深为红色，果粉厚，白色；成熟果果色鲜红、艳丽，果肉浅黄色

总糖/总酸/可溶性固形物含量（%）：8.24/1.09/14.2

品种特性：果顶略凹，缝合线较深，片肉对称；肉质致密，纤维少，汁多味香，酸甜适口；离核；品质上等，较耐贮运（图53）。

图53 长李15号

6 玉皇李

来源：山西地方品种

收获期：7月下旬至8月初成熟，中熟

单果重/大果重（g）：60/85

果形/果色：近圆形/果面黄色，果面阳面有彩色鲜红晕，果粉较多，银灰色；果皮薄，果肉金黄色

可食率/总糖/总酸/可溶性固形物含量（%）：97/11.6/1/10 ~ 14

品种特性：果个中大，顶部圆或微凹，缝合线浅，梗洼中深；肉质松软细腻，纤维少，汁液多，味甜微酸，香气浓，在常温后熟10 ~ 15d，果肉稍变软，品质更佳；离核，核小，为生食、加工兼用优良品种；维生素C含量0.0577mg/g；该品种品质上等，极丰产，相对其他李品种果实耐运输、贮藏，美观漂亮，风味酸甜，深受消费者喜爱，极具发展潜力（图54）。

图54 玉皇李

7 美丽李

单果重/大果重（g）：87.5/156

果形/果色：近圆形或心形/果皮底色黄绿，着鲜红或紫红色，果粉较厚，灰白色；果肉黄色

可食率/总糖/总酸/可溶性固形物含量（%）：98.7/7.03/1.2/12.5

品种特性：果顶尖或平，缝合线浅，但达梗洼处较深，片肉不对称；皮薄，充分成熟时可剥离；果肉质硬脆，充分成熟时变软，纤维细而多，汁极多，味酸甜，具浓香；黏核或半离核，核小，种仁小而干瘪；pH 3.6，果肉中含果糖0.292mg/g，山梨糖2.539mg/g，葡萄糖0.389mg/g，山梨醇3.077mg/g；鲜食品质上等，在常温下果实可贮放5d左右。

8 绥棱红

大果重（g）：76.5

果形/果色：圆形/果皮底色黄绿，着鲜红色或紫红色，果点稀疏，较小，果粉薄，灰白色；果肉黄色

可食率/总糖/总酸/可溶性固形物含量（%）：97.5/8.34/1.21/13.9

品种特性：缝合线浅，片肉不对称；皮薄，易剥离；果肉质细，致密，纤维多而细，汁多，味甜酸，具浓香；黏核，核较小，种仁饱满；pH 4.2，果肉中含木糖0.013 2mg/g，果糖1.637mg/g，山梨糖0.575 5mg/g，葡萄糖12.869mg/g，山梨醇0.376mg/g，蔗糖21.063mg/g，果肉内单宁含量0.17%；在常温下果实可贮放5d左右（图55）。

图55　绥棱红

9 应县接李

来源：山西省朔州市应县地方品种

收获期：7月下旬成熟

单果重（g）：55.2

果形/果色：近圆形/完全成熟时果面紫红色，果粉薄；果肉淡黄

可溶性固形物含量（%）：16.7

品种特性：果顶凹入，甜酸适口；离核，肉质松软，品质上等（图56）。

图56　应县接李

10　榆社牛心李

来源：山西省榆社小杜余沟村一代地方品种

收获期：7月下旬成熟

单果重（g）：71.5

果形/果色：心脏形/完全成熟时果面鲜红色，果粉薄；果肉淡黄

可溶性固形物含量（%）：13.7

品种特性：果顶圆凸，甜酸适口，半离核，肉质松软，品质上等（图57）。

图57　榆社牛心李

11 三华李

来源：广东

单果重（g）：40

果形/果色：圆形或近圆形/果皮紫红色，果粉厚；果肉紫红色，色质艳丽

品种特性：个大肉厚，肉质爽脆，酸甜可口，气味芳香；果实含糖、蛋白质、胡萝卜素、核黄素等，果汁中维生素C含量为0.175 ~ 0.287mg/g；风味品质极佳，营养价值高，既是鲜食的上好果品，又是加工果脯的上好原料（图58）。

图58　三华李

12 青脆李

来源：四川

单果重/大果重（g）：30/35

果形/果色：扁圆形/果皮和果肉均为绿黄色

品种特性：果顶平，顶点微凹，果肉细脆，肉质细密，汁多味甜；离核；品质上等（图59）。

图59　青脆李

13 大石早生

单果重/大果重（g）：49.5/106

果形/果色：卵圆形/果皮底色黄绿，着鲜红色，果粉中厚，灰白色；果肉黄绿色

可食率/总糖/总酸/可溶性固形物含量（%）：98/7.49/1.07/15

品种特性：果实纵径4.5cm，横径4.2cm，果顶尖；缝合线较深，片肉对称；果皮中厚，易剥离；肉质细，松软，果汁多，味酸甜，微香；黏核，核较小；果肉中蛋白质含量1.87%，脂肪含量1.48%，氨基酸总量8.85mg/g，维生素C含量0.0816mg/g，单宁含量0.5%；鲜食品质上等，果实常温下可贮藏7d左右（图60）。

图60 大石早生

14 盘江酥李

单果重（g）：32.3

果形/果色：微扁圆形/果皮淡黄色、白色果粉；果肉淡黄色、近核处着色较深

可溶性固形物含量（%）：15

品种特性：果顶平、顶点微凹，皮薄、光滑；果肉厚实，肉质致密，汁多酥脆，有清香味；富含维生素C、蛋白质、脂肪、无机盐、钙、铁和多种氨基酸；是降血压、增食欲、抗病、抗辐射、美容、抗衰老的绿色食品（图61）。

图61 盘江酥李

15　蜂糖李

来源：贵州特色优质地方名李

单果重/大果重（g）：35.3/65.9

果形/果色：近圆形，果形指数0.89/果面淡黄色，外被蜡粉；果肉淡黄色

可食率/总糖/总酸/可溶性固形物含量（%）：97.88/13.54/0.77/16.1

品种特性：果顶一侧微突，缝合线明显；维生素C含量0.0895mg/g；肉质细、清脆爽口，汁液多，味浓甜；离核，品质优异（图62）。

图62　蜂糖李

16　吉胜李

来源：以血肉李和绥李3号杂交后代筛选出的82-5为母本，与晚紫李杂交育成的中晚熟李品种

单果重/大果重（g）：55.7/106.8

果形/果色：心脏形，果形指数1.29/果实底色绿色，完全成熟时全面着紫红色，果粉厚度中，白色；果肉黄白色

品种特性：果顶长凸尖，纵径59.02mm、横径45.78mm，缝合线浅，果实不对称，梗洼深度中；果肉纤维少，酸甜适口，李味浓；全离核，成熟时果核周围与果肉有间隙，果核小，无裂果；抗寒性极强，冷藏条件下可贮存15d以上，且货架期长；该品种丰产、耐贮运，综合品质优，是我国东北地区主栽的李品种（图63）。

图63　吉胜李

17　早生月光

　　单果重/大果重（g）：69.3/95.9

　　果形/果色：卵圆形/果皮底色绿黄，着粉红色，果粉薄，灰白色；果肉黄色

　　可食率/总糖/总酸/可溶性固形物含量（%）：98.4/9.9/0.91/13.4

　　品种特性：果顶尖，缝合线浅，片肉不对称，皮厚不易剥离，果肉质硬脆，纤维细而少，汁极多，味甜，具有蜂蜜般香味；pH 4.1；黏核，核小，核为卵圆形，近核处有空囊；种仁较饱满；鲜食品质上等，在常温下果实可存放7d以上（图64）。

图64　早生月光

18　秋姬

来源：从日本引进的李品种

单果重/大果重（g）：50/80

果形/果色：近圆形/果面光滑亮丽，完全着色呈浓红色，其上分布黄色果点和果粉；果肉橙黄色

可食率/可溶性固形物含量（%）：97/18.5

品种特性：缝合线明显，两侧对称；肉质细密，品质优于黑宝石和安哥诺品种，味浓甜且具香味；离核，核极小；果实硬度大，鲜果采摘后常温条件下可贮藏2周以上，且贮藏期间色泽更艳，香味更浓，恒温库可贮藏60d以上（图65）。

图65　秋姬

19　意大利18号

收获期：8月底至9月上旬成熟，晚熟品种

单果重（g）：33.51

果形/果色：近圆形/果面紫红、果肉淡黄

可溶性固形物含量（%）：14.5

品种特性：果肉质松脆，外观美丽，甜酸适口；黏核；品质中上等，极丰产，深受消费者喜爱，极具发展潜力（图66）。

图66　意大利18号

20　尤萨李

来源：欧洲李种群品种之一，又名西梅女神李，是20世纪90年代从美国引进的鲜食和加工兼用的优良品种

收获期：9月上旬成熟，晚熟

单果重/大果重（g）：75/120

果形/果色：椭圆形，果形端正/果面蓝黑色，果粉厚；果肉橙黄色

可溶性固形物含量（%）：15～18

品种特性：果个均匀，果顶圆平，缝合线浅，片肉对称；果皮薄，肉质硬韧，汁多，味浓甜，微香；核小，长扁圆形，半离核；品质极上等，常温下果实可贮藏10d，冷藏条件下可贮藏60d（图67）。

图67　尤萨李

21 兰蜜李

来源：欧洲李

收获期：8月下旬成熟

单果重（g）：45

果形/果色：长椭圆形/果面100%蓝黑色，果粉厚，灰白色；果肉淡黄色

可溶性固形物含量（%）：17.5

品种特性：果顶圆平，缝合线深，稍不对称，果皮厚，硬韧；果肉纤维少，果汁多，味甜；核小，离核；鲜食品质极上等，耐贮藏，常温下果实可贮藏13d，冷藏条件下可贮藏60d（图68）。

图68　兰蜜李

22 法兰西

来源：欧洲李

收获期：8月下中旬成熟，晚熟

单果重（g）：33.16

果形/果色：卵圆形/果面浅红，果肉淡黄

可溶性固形物含量（%）：19.5

品种特性：该品种丰产，肉质松脆，风味甜，鲜食品质极上等（图69）。

图69 法兰西

23 大玫瑰

单果重（g）：62

果形/果色：卵圆形，果形端正/果面鲜红色，果粉厚；果肉黄色

可溶性固形物含量（%）：14 ~ 16

品种特性：果个大，果顶稍凹，缝合线浅，片肉对称；果皮薄，肉质致密，汁多，纤维少，味甜，微香；核小，长圆形，离核；该品种抗病虫性强，优质，丰产，常温下果实可贮藏10d，在市场上倍受人们的青睐（图70）。

图70 大玫瑰

24 卯爷

收获期：9月上旬成熟

单果重（g）：44.3

果形/果色：阔卵圆形/果面紫红色，果粉较厚；果肉黄色

可溶性固形物含量（%）：18.2

品种特性：果顶平，缝合线平，片肉较对称；果皮薄，肉质致密，汁多，纤维少，味甜，微香；核小，长圆形，离核；品质上等，常温下果实可贮藏10d（图71）。

图71　卯爷

25 莫尔特尼

单果重/大果重（g）：74.2/123

果形/果色：近圆形/底色为黄色，着色全面紫红；果粉少；果肉淡黄色，近果皮处有红色素

总糖/总酸/可溶性固形物含量（%）：11.4/1.2/13.3

品种特性：果实中大，果顶尖，缝合线中深明显，两半部对称；果柄中长，梗洼深狭；果面光滑而有光泽，果点小而密；果皮中厚，离皮；不溶质，肉质细软，果汁较少，风味酸甜，单宁含量极少；果核中大，椭圆形，黏核；品质中上等。

26　美国大李

单果重/大果重（g）：70.8/110

果形/果色：圆形/果皮底色黄绿，着紫黑色，果粉厚，灰白色；果肉橙黄色

可食率/总糖/总酸/可溶性固形物含量（%）：98.1/6.25/1.12/12

品种特性：果顶凹陷，缝合线较浅，片肉对称；皮薄，果实质地致密，纤维多，汁多，味甜酸；离核，核长圆形；pH 4.5，单宁0.13%；品质上等，常温下果实可贮放8d左右。

27　奥德罗达

来源：美国品种，山东省果树研究所1987年从澳大利亚引进

收获期：8月下旬成熟

单果重/大果重（g）：49.2/86

果形/果色：扁圆形/果面紫红色，无果点，果粉厚；果肉黄色

总糖/总酸/可溶性固形物含量（%）：9.2/0.89/13.8

品种特性：果顶平圆；肉质细嫩、不溶质，味甜可口；品质上等，在0～5℃条件下可贮藏3个月以上（图72）。

图72　奥德罗达

28 安哥诺

来源：山东省引进美国品种

收获期：9月下旬成熟

单果重/大果重（g）：66/122

总糖/总酸/可溶性固形物含量（%）：13.1/0.7/14～15

品种特性：果顶平，缝合线浅而不明显；果皮较厚，果点小；质细，不溶质，汁液多，味甜，富香气；离核，核小；果实耐贮藏，品质极佳（图73）。

图73 安哥诺

29 黑宝石

来源：美国品种

收获期：8月下旬成熟，晚熟

单果重（g）：88.74

果形/果色：扁圆形/果面紫黑色，果粉厚，果肉浅黄

可溶性固形物含量（%）：13.7

品种特性：果实甜酸适口，肉质硬脆；离核；品质上等，该品种极丰产，耐贮运（图74）。

图74　黑宝石

第一节　李优良品种

30 樱桃李

来源：高加索

品种特性：灌木或小乔木。高达8米。多分枝，枝条细长。花1枚，稀2枚。核果近球形或椭圆形，长宽几乎相等，直径2～3厘米，黄色、红色或黑色，微被蜡粉，具有浅侧沟，绝大部分为黏核。抗寒力较弱，有一定的抗旱力（图75、图76）。

图75　樱桃李

图76　离核樱桃李

31　恐龙蛋

收获期：8月下旬至9月初成熟

单果重（g）：126

果形/果色：近圆形/成熟后果皮黄红色伴有红色斑点，果肉粉红色

品种特性：质脆，粗纤维少，果汁多，风味香甜；核极小，黏核；品质极佳，耐贮运。

32 味帝

收获期：7月初

单果重/大果重（g）：86/130

果形/果色：扁圆或近圆形，果顶稍尖，似桃形/成熟果实皮青绿色，果肉鲜红色

品种特性：质地细，粗纤维少，果汁多，味甜带微酸，果香带桃、李、杏味，香气浓；黏核；品质极佳，耐贮运（图77）。

图77 味帝

33 风味皇后

收获期：8月中下旬

单果重/大果重（g）：95/135

果形/果色：扁圆或近圆形/成熟后果皮为橘黄色，果肉金黄色

可溶性固形物含量（%）：17～19

品种特性：汁水多，纤维少，口感甜，香味浓郁；品质极佳，耐贮运，常温可保存一个月左右，低温可贮藏3～5个月，抗性强，病虫害少。

34　风味玫瑰

收获期：6月下旬

单果重/大果重（g）：85/128

果形/果色：扁圆形/成熟后果皮紫黑，果肉鲜红

总糖（%）：17.2 ～ 18.5

品种特性：质地细，粗纤维少，汁水多，风味浓郁，十分香甜；品质佳，常温可以保存20d左右，该品种抗性强，病虫害少（图78）。

图78　风味玫瑰

35　味王

单果重/大果重（g）：92/145

果形/果色：近圆形，果顶稍尖凸起，似桃形/成熟后果皮紫红色，有蜡质光泽

品种特性：缝合线明显，中深，梗洼深，果实纵径5.2 ～ 6.6cm，横径5.1 ～ 6.3cm。

36　味馨

单果重/大果重（g）：50/65

果形/果色：圆形或近圆形/成熟果实果皮黄红色，果肉橘黄色

可溶性固形物含量（%）：14 ～ 18

品种特性：离核；风味甜，香气浓；自花结实产量高，4～5年进入盛果期，单株产量可达30～40kg，亩产2 000～2 500kg，盛果期可达20年；品质佳。

37 味厚

收获期：8月下旬

单果重/大果重（g）：96/140

果形/果色：扁圆或近圆形/成熟后果皮紫黑色

品种特性：果汁多，味甜；耐贮运，常温下可贮藏20d左右，2～5℃可贮藏3～5个月；栽植第二年少量结果，4～5年进入丰产期，亩产达2 000kg左右，加强管理盛果期可达20年。

38 黑琥珀

来源：美国加州大学1970年将黑宝石和玫瑰皇后杂交，1973年选育出该品种

单果重/大果重（g）：101.6/158

果形/果色：扁圆形/果皮底色黄绿，着紫黑色，果粉厚，白色；果肉淡黄，近皮部有红色，充分成熟时果肉为红色

可食率/总糖/总酸/可溶性固形物含量（%）：98～99/9.2/0.85/12.4

品种特性：果顶稍凹，缝合线浅，不明显，片肉对称；皮中厚，果点大而明显；肉质松软，纤维细且少，味酸甜，汁多，无香气；pH 3.1，单宁0.18%；离核；品质中上等，常温下果实可贮放20d左右。

39 理查德早生

单果重/大果重（g）：41.7/53

果形/果色：长圆形/果皮底色绿，着蓝紫色，果粉灰白色；果肉绿色

可食率/总糖/总酸/可溶性固形物含量（%）：96.5/6.95/0.84/14.5

品种特性：果顶凹，缝合线浅，片肉不对称；皮厚，质硬脆，纤维多，味酸甜，汁多，微香；离核，核长椭圆形；pH 3.7；品质中等，常温下果实可贮放10d左右。

40　澳大利亚14号

单果重/大果重（g）：100/183

果形/果色：圆形/果皮底色绿，着暗紫红色，果粉较厚，灰白色；果肉红色

可食率/总糖/总酸/可溶性固形物含量（%）：98.1/7.47/1.05/13.7

品种特性：果顶圆或微凹，缝合线浅，明显，片肉对称，果点灰褐色，较小；果皮较厚，充分成熟时易剥离；肉质致密，汁多，纤维细而少，味酸甜，微香；核小，半离核；pH 3.3；鲜食品质中上等，在常温下果实可贮放20～30d。

第二节　不同品种的修剪及栽培技术

李种类多，品种更多，不同种类和品种的李生长特点不同，在生产中需要根据品种自身的生长发育规律选用合适的修剪方法。

1　蜂糖李

生长旺盛，喜光，树势强健，中心干弱，适宜培养为开心形。以花束状果枝和短果枝结果为主。修剪时多采用缓放、疏枝、摘心等方法。幼树营养生长旺盛，枝条顶端生长势强，树冠扩大迅速，修剪时以培养骨干枝为主，修剪量要小，多轻剪、缓放，促进花芽形成。初果期树继续轻剪，培养树体骨干枝。盛果期注意平衡树势，保证树冠内部通风透光良好。衰老期要加重修剪，更新复壮。

2　国峰7号

幼树生长旺盛，结果早，栽植后第2年即可开花结果，丰产快，

一般第3年即可丰产。花芽量大，坐果率高，宜培养为小冠疏层形或自由纺锤形树形。

3 吉胜李

树势中庸，萌芽率高，成枝力强，树体成形快。以短果枝和花束状果枝结果为主，自花结实，坐果率高，极易成花，连续结果能力强，大小年现象不明显，生理落果轻，采前不落果。定植第2年部分植株即可见果，第3年株产2.0kg，第4年株产9.6kg，第5年即可进入盛果期，株产可达26.7kg。

4 大石早生

树势强。萌芽率85.1%，成枝率35.7%。以短果枝和花束状果枝结果为主。第3年开始结果，第4~5年进入盛果期，5年生树最高株产84.1kg，自花不结实，栽培时需配置授粉树，适宜的授粉品种有美丽李、香蕉李、小核李等。4月上旬为盛花期，花期7d左右。果实发育期65~70d，营养生长期230d。果实6月10日左右成熟。大石早生李抗旱、抗寒能力强。该品种幼树生长旺盛，初果期坐果率较低，生产上应注意采用化学控制措施，促进树体枝类组成的转化，适宜的砧木为毛桃、小黄李，也可用山杏做砧木，用毛樱桃作砧木矮化早果效果明显，但容易出现小脚现象。

5 长李15

该品种树势较强，萌芽率88.2%，成枝力21.3%；以花束状果枝和短果枝结果为主。2年开始结果，3年进入初果期，4~5年进入盛果期，株产可达20kg，早期丰产性强。4月上旬为盛花期，6月初果实开始着色，6月20日左右果实成熟。果实发育期70d左右，营养生长期220d。该品种抗逆性较强，是抗寒性强的优良品种，较抗日烧病，在沙质壤土栽培表现良好，也适于山坡地栽培。抗李红点病和细菌性穿孔病。由于该品种坐果率较高，采前落果轻，栽培上应注意加强疏花疏果措施，以利增大果个。与本砧嫁接亲和力最好，也可与毛桃、毛樱桃嫁接。栽培时配置绥棱红、晚黄等授粉品种为宜。在幼树整形修剪中着重开张各类枝条的角度，冬剪时少短截，以疏枝为主。

6　美丽李

又名盖县大李。树势中庸，萌芽率74.6%，成枝率19.5%。栽后2～3年开始结果，4～5年可进入盛果期，自花不结实，需配置授粉树，适宜的授粉品种有大石早生、跃进李、绥李3号等。4月上旬盛花，花期6d。果实发育期85d左右，营养生长期约220d。果实6月底至7月初成熟。该品种抗旱、抗寒能力均较强，一般在冬季最低温不低于−28.3℃的情况下不发生冻害。与李、杏、毛樱桃均可嫁接。该品种极不抗细菌性穿孔病，易遭蚜虫、红蜘蛛及蛀干害虫的危害。

7　绥棱红

又名北方1号，代号65-67。树势中庸，萌芽率92.3%，成枝力34.2%。3年生开始结果，4～5年生可进入盛果期，4年生最高株产可达50.1kg。该品种自花不结实，需配置授粉品种，最适宜的授粉品种有绥李3号和跃进李。4月中旬开花，花期7d左右。果实发育期约80d，营养生长期210d。果实7月上旬成熟。该品种抗寒和抗旱能力强，在冬季−35.6℃低温下可安全越冬。嫁接在本砧上亲和力好，耐湿性强，树形直立，经济寿命长，但根蘖多；与杏嫁接亲和力差。用毛樱桃为砧木，树冠小，树形矮化，结果多，但果实小，不抗倒伏，经济寿命短。枝干易染细菌性穿孔病，易遭蚜虫和蛀干害虫危害。

8　玉皇李

该品种树势中庸，树冠呈自然开心形。萌芽力较弱，成枝力较强。幼树期多潜伏芽，结果枝的顶芽亦抽生发育枝。以短果枝和花束状果枝结果为主，连续结果能力强。嫁接苗定植后2～3年开始结果，5年进入盛果期，经济寿命20年左右。4月初花芽萌动，4月下旬为花期，

6月中旬幼果迅速膨大，6月下旬果实开始着色，7月下旬果实成熟。10月上旬落叶。

该品种丰产、稳产性好，耐寒力较强。对叶螨危害的抗性较差，抗细菌性穿孔病。花期如遇晚霜偶有冻害。树势衰弱时易出现流胶现象。

9 早生月光

树势中庸。萌芽率85.4%，成枝力17.9%。定植后2～3年开始结果，5～6年生可达盛果期，10年生最高株产50kg。自花授粉结实率低，人工授粉结实率可达19.7%，最适宜的授粉品种为红肉李。4月中下旬盛花，花期5～7d。果实发育期85d，营养生长期200d左右。果实7月中旬成熟。抗寒和抗旱力较强，在冬季−28.3℃低温下能安全越冬。与李砧、毛樱桃砧嫁接亲和良好。枝干较抗细菌性穿孔病，易遭蚜虫危害。

该品种为淡黄色鲜食品种，果面光泽，外观美丽，丰产性好，适应性广，但对栽培技术要求较高。是一个有待开发的优良品种。

10 味馨

树势较强，树姿开张，萌芽率低，成枝力中等，1年生枝短截后一般萌发2～3个枝。各骨干枝基角较大，一般不需要拉枝。长、中、短果枝均能结果，以中短果枝及花束状果枝结果为主。树形采用自然开心形及两层疏散分层形为宜。整形期应注意运用短截、摘心等措施培养结果枝组。修剪以疏枝、缓放为主，适当短截。该品种潜伏芽萌芽率低，内膛及骨干枝下部易光秃，因此在结果期间应注意保留内膛及骨干枝下部萌芽及徒长枝，可采取重短截或前期缓放、后期短截等措施以培养更新枝组，防止下部光秃。

11 恐龙蛋

树势中庸，树姿开张，干性较弱，萌芽率中等，成枝力强，各枝条基角较大，近水平状，抽生枝条粗壮，多年生枝上的侧芽易萌发成为短果枝。以中短果枝结果为主，其中短果枝结果量可达95%以上。树形以两层疏散分层形为宜。幼树生长势强，栽植当年幼树地径可达3cm，且易抽生强旺枝，二三次副梢抽生能力强，生产中可进行多次摘心，促发二三次枝加速整形。由于各骨干枝基角较大且结果后易下垂，所以采用两层疏散分层形，注意加大层间距。修剪以疏枝和缓放为主，尽可能少短截。将内膛和树冠各部位的徒长枝、过密枝、交叉枝疏除，改善树体结构和通风透光条件。结果盛期骨干枝先端易因结果而下垂，应注意回缩复壮。

12 风味皇后

树势强旺，树姿半开张，萌芽率高，成枝力极强，1年生枝短截后常抽生3~4个长枝。潜伏芽易萌发，剪锯口及各级骨干枝背部、内膛易抽生强旺直立枝。以中长果枝结果为主。适宜的树形为疏散分层形。修剪以疏枝和缓放为主，尽量少短截。将内膛和树冠各部位的徒长枝、过密枝、交叉枝疏除，改善树体结构和通风透光条件。夏季修剪应抹除剪锯口及骨干枝背部、内膛的萌芽。

13 味厚

树势中庸，树姿开张，萌芽率高，成枝力低。1年生枝短截后常抽生1~2个中长枝。干性较强，结果枝细弱，结果后易下垂。以中长果枝结果为主。适宜的树形是改良纺锤形。基部3个主枝基角一般为80°。幼树修剪时各骨干枝应及时短截以培养结果枝组。结果枝细弱易下垂，坐果率高，结果后树势易早衰，整形期应注意减少骨干枝的坐果量，以培养各级骨干枝。

14 味帝

树势较强，树姿半开张，萌芽率高，成枝力强，1年生枝短截后常抽生3~4个中长枝。抽生的枝条多为长枝且枝条扭曲。长、中、短果枝均能结果，初果期虽大量形成花束状果枝，但坐果率不高。适宜的树形为自然开心形及两层疏散分层形。采用两层疏散分层形时，第

2层主枝应及时回缩以打开光路，第5年可视情况进行落头开心，幼树修剪以疏枝缓放为主，尽量少短截。应注意加强夏季修剪，及时疏除交叉枝、重叠枝及过密枝，对于过大过旺的结果枝组，也应及时疏除以削弱树势，必要时可土施多效唑控制旺长。

15 风味玫瑰

生长势强，萌芽率高，成枝力强，1年生枝短截后常抽生4～6个长枝。但1年生幼树萌芽率高，成枝力低，所抽生的枝条多为短枝且成丛状，主次不分。风味玫瑰干性明显，直立性较强且潜伏芽易萌发抽枝，春季剪锯口及各级骨干枝背部、内膛易抽生强旺直立枝。易成花，苗圃地当年育苗，秋季即可形成大量花芽，以中长果枝结果为主，结果部位多位于长势缓和的多年生枝段的2年生枝上，直立枝多花而不实。适宜的树形为改良纺锤形。整形过程中应注意开张各级骨干枝的角度以缓和树势。直立性较强，骨干枝拉弯后常易反弹直立，生产中应注意连年拉枝。夏剪应及时抹除剪锯口、骨干枝背部、内膛及过密的直立性徒长枝，以节约养分，打开光路。冬剪以轻剪缓放为主，少截或不截，疏除竞争枝、过密枝。

16 美国大李

树势较强，1年生枝黄白色，萌芽率52%，成枝力8%。以短果枝和花束状果枝结果为主。4月中旬或下旬开花，花期7d。果实发育期约90d，营养生长期220d。果实于7月中下旬成熟。3～4年生开始结果，5～6年生进入盛果期，采前落果轻。抗寒和抗旱性较差，抗细菌性穿孔病能力较弱。该品种果实较大，外观美丽，是鲜食优良品种，也可加工成果脯或罐头。开花期较晚，因此需选择晚花品种为授粉树。

17 莫尔特尼

该品种树势中庸，分枝较多。幼树生长稍旺，枝条直立，结果枝分枝角度大；萌芽率91.4%，成枝力12%；以短果枝结果为主，中、长果枝坐果很少；在自然授粉条件下，全部坐单果，坐果率较高，需进行疏花疏果；栽培上可配置索瑞斯、密斯李等品种作为授粉树。幼树结果较早，极丰产，在正常管理条件下3年结果，4年丰产。3年生结果株率可达50%，平均株产8.7kg；4年生平均株产38.6kg。开花期为4月初，盛花期7d左右；6月初果实开始着色，成熟期为6月20日左右，生育期230d。该品种适应性广，抗逆性强。抗寒、抗旱、耐瘠薄，对病虫害抗性强。栽培上注意培养自然开心形或多主枝杯状形树形；由于该品种坐果率较高，生产中必须进行疏花疏果，一般每隔10cm左右保留1个果，以便控制负载量，以保证果大质优。

18　安哥诺

该品种幼树生长快，新梢当年生长量在1.5m左右，3年生树干周25.5cm，树高257.0cm，冠径312.0cm，树姿开张，树势稳健，具有抽生副梢的特性，结合夏季修剪，当年可形成稳定的树体结构。萌芽率高，成枝力中等，进入结果期后树势中庸。以短果枝和花束状果枝结果为主，分别占结果枝量的36.5%和47.5%。花量大，一般坐单果，果个均匀，幼树3年结果，丰产性好，3年生树平均株产8.5kg。该品种无论在山地还是在平原均表现生长良好，具有较强的耐旱力。硬核期较长，病虫害较轻。初花期为4月上中旬，8月份果实开始变为黑红色，9月中旬转为紫黑色，采收期为9月下旬。栽植时山地适宜的株行距为2m×3m，平原3m×（3～4）m。需配置授粉树，适宜的授粉品种为凯尔斯、黑宝石、索瑞斯。进入盛果期后应注意疏果，全部留单果，以保证果个均匀。适宜的树形有开心形或自然圆头形。

19　黑琥珀

树势中庸，树姿不开张。以短果枝和花束状果枝结果为主。2～3年生开始结果，4年进入盛果期，每公顷产量超过15 000kg，单株产量20kg。与中国李、毛樱桃、毛桃、榆叶梅嫁接亲和力好。4月中旬盛花，花期5～8d。果实发育期110d，营养生长期210d。果实于8月上旬成熟。

该品种采前落果轻。抗寒、抗旱能力较强，结果早，果实大，丰产，耐贮，鲜食品质好，也可加工制罐。但不抗蚜虫，易感染细菌性穿孔病。应选择较干旱地区发展。

20 理查德早生

树势强，萌芽率72%，成枝力14%。3年生开始结果，7～10年生进入盛果期，单株产量40kg。以短果枝和花束状果枝结果为主。4月下旬进入盛花期，花期7d。果实发育期约110d，营养生长期230d。果实于8月中旬成熟。

该品种外形色泽独特，在美国多用来加工李脯。是欧洲李中抗寒性较强的晚熟优良品种。

21 龙园秋李

又名晚红、龙园秋红，代号83-10-71。树势强壮。萌芽率86%，成枝力11.7%。以短果枝和花束状果枝结果为主，2年生开始结果，5年生即有相当的产量，4年生平均株产17.5kg，最高株产34kg。自花不结实，栽植时必须配置授粉品种，授粉品种以长李15号、绥棱红、跃进红和绥李3号等较好。4月中旬开花，果实发育期130d，营养生长期230d。果实于8月底成熟。采前不落果，不裂果，抗寒，抗红点病。

该品种系东北地区在绥李3号之后的又一代优良品种，与绥李3号相比极丰产，果个大，晚熟，抗寒性基本一致，但在各地栽培不裂果。果实较耐贮放。

22 大玫瑰

树势强健，较直立。萌芽率67.2%，成枝力23.5%。4～5年生开始结果，7～9年进入盛果期，8年生株产可达35.5kg。自花结实率为10.7%，人工授粉结实率可达31.5%，且果个明显增大，适宜的授粉品种为晚黑和耶鲁尔。与中国李嫁接亲和，也可与毛桃、毛樱桃嫁接。4月中旬盛花期，花期6～8d。果实发育期130d，营养生长期200d。果实于8月底成熟。抗病性较强。

该品种在我国华北栽培历史较久，适应性较广。该品种丰产，晚熟，果实外形特殊，色泽艳丽，除鲜食外也是加工的良种，应加速发展。

23　黑宝石

树势强，直立。萌芽率82.7%，成枝力15%。以长果枝和短果枝结果为主。2年生开始结果，4～5年生进入盛果期。3年生树平均株产6.6kg。自花结实，4月中旬开花。果实发育期135d，营养生长期210d。果实于9月上旬成熟。该品种与中国李、毛桃、毛樱桃嫁接亲和力良好，抗寒性一般，抗旱性强。不抗细菌性穿孔病。

该品种早果性强，极丰产，果个大，耐贮运，货架寿命长，是很有前途的优良品种。缺点是抗病力弱。

24　澳大利亚14号

该品种树势强，枝条直立。萌芽率80%，成枝力11.4%。3年生开始结果，5～6年生进入盛果期，6年生树平均株产可达50kg。自花授粉结实率可达20.5%，异花授粉产量更高，适宜的授粉品种有黑琥珀。在河北固安4月中旬为盛花期，花期5～7d。果实发育期145d，营养生长期210d。果实于9月上旬成熟。以中国李、毛桃、山桃做砧木亲和力好，并且抗细菌性穿孔病能力强。以毛樱桃做砧木亲和力亦好，但有小脚现象，且枝干易感细菌性穿孔病，严重者会死树。

该品种是极晚熟大果型优良品种，可明显地推迟李果的供应期，又赶在国庆节前上市，果实耐贮运，货架寿命长，很有市场竞争力。由于该品种自花结实率强，坐果率高，栽培中应注意加强疏花疏果，严格控制产量，否则果个会变小，导致品质下降。由于该品种抗细菌性穿孔病的能力差，栽培时除了注意选择以毛桃做砧木嫁接外，还应避免在多雨潮湿的地方建园，可以在我国西北干旱、半干旱且有灌溉条件的地方考虑建立基地。其果实冬贮后于春节投放市场，经济效益会更高。

第三节 不同发育阶段的修剪技术

李在生命周期的不同阶段生长发育特点不同，故修剪处理也不同，一般幼树期以培养树形为主，初果期培养树形和促进结果并重，盛果期以结果枝组培养和更新为主，衰老期需更新复壮结果枝组，延长结果年限。

一、幼树期的修剪技术

李树在栽植后约4年开始结果，结果之前的时期称为幼树期。幼树期整形修剪的主要目标是尽快扩大树冠，培养坚固的树体骨架，加速整形，同时要兼顾缓和树势，促进成花，培养较多的结果部位。修剪时多轻剪缓放，开张主枝角度，适当疏除影响主枝生长的竞争枝。

1 定干抹芽

根据不同树形特征，确定适宜的定干高度，定干高度是干高与整形带长度之和。在确定干高时还需要考虑到栽培园地的环境条件，土层深厚、果粮间作时主干需高，干旱山区、风害较大的地方主干宜低。

新栽幼树定干发芽后，需及时抹除不需要的幼芽和新梢（图79）。一是整形带以下的芽全部抹除，二是整形带内留下1个中心干枝和3个主枝的芽（一共留4个芽），其余的抹除。大部分的树形在抹芽时保留4个新梢即可。主枝之间的距离保持在20cm左右，同时要兼顾主枝间的方位角（120°）。

图79　定干抹芽

2　主枝的选留

　　通过抹芽来选留主枝是最佳的方法。但一些果园在定干后并未进行抹芽留枝的操作，等待冬季修剪时才选留中心干延长枝和主枝（图80）。此时需要选留生长健壮、方位角合适、枝条在中心干上距离适宜的枝条作为主枝。主枝选留后进行中短截修剪，以促进生长，并按要求开张角度。除中心干延长枝和主枝外的枝条，可以疏除或者开张角度、缓放成花。选留主枝时需要注意主枝间生长势的平衡，通过调整枝条开张角度和剪留长

图80　冬季修剪时选留主枝

度使各主枝生长势相对平衡，避免过旺或过弱。强枝通过留弱芽、开张角度等方式缓和生长势，通过留壮芽、剪留自身枝条位置高于强枝、不拉枝等方式增强生长势。

以后2～3年继续按照树形的要求选留中心干延长枝和主枝。

3 结果枝组的培养

在培养树形的同时，及时疏除竞争枝和徒长枝，对非骨干枝使用摘心、扭梢或轻剪缓放等修剪措施，缓和生长势，促进成花，培养成结果枝组。

二、初果期的修剪技术

仍以培养树形为主，在结果的同时继续扩大树冠，培养结果枝组，增加结果部位（图81）。

图81　初果期的李树

对强旺的新梢摘心或短截以控制树势，拉枝开张树冠。为盛果期的丰产、稳产、优质打好基础。

三、盛果期的修剪技术

主要是调整生长与结果的矛盾，保持树势健壮，改善树体光照，防止树体早衰、结果部位外移和大小年结果现象，延长盛果期，保证优质、高产和稳产。在生长季修剪时，采取抹芽、疏枝、摘心、疏果等措施，调整合理的枝果比和叶幕结构。在冬季修剪时，综合运用疏、截、缓、缩等修剪方法，调整生长和结果的平衡（图82）。

图82 盛果期的李树

采用放缩结合，对骨干枝进行修剪，控制树体大小和长势，主枝角度要开张，健壮但不衰弱，各主枝之间生长势平衡，以维持稳定的树形。逐步清理和回缩影响树体结构的辅养枝。疏除树冠中、上部的过密枝、交叉枝、重叠枝，加大外围枝间距，以增加树冠内光照。

调整和更新结果枝组，保持结果枝组的健壮。回缩衰老下垂、交叉对接、连续多年结果的枝，回缩由花束状果枝形成的单轴枝组。疏除树冠中、下部极弱的短果枝和枯枝，疏剪一部分花束状果枝。适当短截各级各类枝条，促发一定量的新枝。

四、衰老期的修剪技术

树冠外围的枝条年生长量显著减少，树势衰弱，内部枯枝不断增加，结果部位外移，产量下降，大小年结果现象严重。对衰老期李树修剪的主要目的是集中养分恢复树势，尽量延长树的经济寿命（图83）。冬季修剪时多短截，促发新枝，要适当回缩已经衰老的骨干枝和较大枝组，疏除枯死枝，刺激潜伏芽萌发，培养成壮枝；同时要充分利用直立枝和内膛徒长枝，培养成新的骨干枝和结果枝组。在这个时期不强调维持原有的树形，在经济效益低下时，应及时淘汰。

图83 衰老期的李树

第四节　不同物候期的修剪技术

一、萌芽期、开花期、坐果期的修剪技术

李复芽多，易产生萌蘖。抹芽、除蘖可减少营养消耗，有利于整形，使留下的枝条发育充实，花芽和叶芽饱满，还能减少日后的修剪工作量。萌芽后，尽早进行抹芽，做到抹早、抹小、抹了。抹芽、除蘖应及时在生长季多次进行（图84）。花期进行疏蕾、疏花、复剪等，疏除细弱花枝和过密花芽。

二、新梢迅速生长期的修剪技术

李树萌芽力强、成枝力较弱，对幼树采用摘心的方法可增加分枝级别和数量，同时控制旺长，达到迅速扩大树冠和提早成形之目的。对结果树进行摘心可提高坐果率、增大果个。可以通过拿枝改变枝梢生长方向、控制旺长、提高萌芽率、促进花芽形成。拿枝在萌芽后到生长后期均可进行，可对1～2年生旺长的新梢、直立枝、竞争枝、辅养枝拿枝，以早进行拿枝和多次拿枝效果为好。对于生长旺盛、枝条过多的树，可通过疏枝以改善树冠内膛光照。疏枝做到"有空则留，无空则疏"（图85）。随时抹除萌蘖，以集中养分供应枝条生长和果实发育。

图84　抹除剪口处萌蘖

修剪前　　　　　　　　　　　　　　　修剪后

图85　疏除竞争枝、重叠枝

三、果实成熟期的修剪技术

摘叶可以改善通风透光条件，促进果实着色和提高内在品质；叶片过密的植株，适当摘叶还有利于促进树冠内膛和下部的花芽分化。摘叶前应通过细致修剪疏除遮光强的背上直立枝、内膛徒长枝、外围密生枝，以改善树冠各部通风透光条件，促进果实着色，提高果实品质。果实成熟前10天进行摘叶增色，将挡光的叶片或紧贴果实的叶片少量摘去，可以使果实全面均匀着色。摘叶要适时、适度、适量。果实开始着色后，将过密枝采用吊枝和拉枝方式，向缺枝部位调整，使树冠枝条分布均匀，改变原光照范围，使冠内、冠下果实都能着色。

四、果实采收后的修剪技术

李在采果后即可进行1次夏季修剪。此时修剪要掌握"宜早不宜迟，宜轻不宜重"的原则，通过摘心、扭梢、拉枝、疏枝、回缩等措施，改善树体的通风透光条件、平衡树势，提高养分积累，促进花芽分化。

秋梢将要停止生长或停长后进行1次秋季修剪，通过疏枝、回缩、摘心、拉枝等措施使秋梢及时停止生长，促使枝条充实，改善树体光照条件，增加树体营养积累，从而提高越冬抗寒能力。9月下旬对所有未停止生长的新梢摘心。

拉枝在秋季进行效果最好，按照树体结构的要求对当年生、一年生、多年生直立、强旺枝进行拉枝。拉枝时注意将主枝开张角度和方位角一并调整。

秋季修剪造成的营养损失比冬剪大，修剪切勿过重，时间要适当，过早会引起二次生长，修剪过晚则难以收到良好效果。

五、休眠期的修剪技术

按照目标树形调整骨干枝的方向和角度，保持树体从属关系和各主枝之间生长势平衡，疏除骨干枝上强旺枝、直立枝、过密枝、徒长枝；缓放平斜枝、下垂枝。合理安排和调整骨干枝上的枝组分布。枝组主要培养在主、侧枝的两侧和背下。

结果枝组的培养以先放后缩法为主，通过缓放促进形成短果枝和花束状果枝，通过回缩控制结果部位的外移。结果大树逐步转移到以背上结果枝组为主，两侧的枝组也要及时复壮，去平留直，去弱留强，抬高枝头角度。背下的下垂枝以回缩为主。年龄超过6年以上的结果枝均需轮换更新，每年必须保持有80%以上的结果枝在有效结果年龄以内。各类果枝的修剪中，一般情况下中果枝剪去1/3，短果枝截去1/2，适当短截留下来的长果枝。

李整形修剪实践

整形修剪是一个复杂的过程，在生产中采取合适的修剪策略和方法能够保证树体的正常生长发育，但也常常出现一些放任树、大小年树等问题，这就需要根据实际情况，按照一定的修剪目标进行改造。

第一节　李放任树的修剪

放任树指没有修剪基础，让其自然生长的树。生产中李放任树或管理不善的树很多，这都会影响到产量和品质。

一、李放任树的表现

李放任树表现多样，大概可以归结为树形不统一和树形紊乱两类。

1　树形不统一

受传统思想的影响，李园内常被培养出多种树形，一个园内既有自然开心形、也有小冠疏层形、自由纺锤形等，甚至一棵树一个样子。一棵李树从栽植开始，都是一棵苗，差异较小，但经过多年的修剪管理后有了很大的差异，其主要原因是修剪者的修剪方法不同。

2　树形紊乱

在果树整形修剪时，没有按照树形的要求留骨干枝，常常表现为骨干枝数量过多、角度开张不到位。很多情况下是将两种甚至多种树形的结构指标混在一起，如按照纺锤形的要求来开张主枝角度，却按照圆柱形的要求来留主枝的数量，有的将辅养枝按主枝来进行培养……这些都会造成树体结构的紊乱。

二、李放任树的修剪原则

对树形不统一的李园，可根据品种特性、株行距、原有树形情况等确定一个主流树形进行改造。在改造过程中尽量朝着一个目标树形努力。

三、李放任树的修剪技术

第一步，先按照目标树形选留骨干枝，对多余的骨干枝分次分批去除，一般一年去掉 1～2 个，去骨干枝时不要在中心干上形成连口伤和对口伤。大的伤口要涂抹愈合剂进行保护。去除大枝后会破坏地上部和地下部的平衡，所以剩下的枝条尽量不修剪，待新的平衡形成后再细致修剪。

第二步，对留下的骨干枝按照树形要求开张角度，缓和生长势。

第三步，分次分批去除交叉枝、重叠枝等，留下健壮的结果枝组，改善通风透光条件，促进成花结果。在缺少结果枝组的地方利用隐芽、徒长枝等重新培养结果枝组。

在修剪时要考虑树冠上部和下部的树势平衡，考虑不同主枝之间的树势平衡。

第二节　李密闭园的修剪

不合理的密植方式及与密植不配套的栽培技术是造成目前李树密闭的主要原因。园地密闭后不仅影响通风透光和正常的生长结果，而且还给各种栽培管理带来很大不便。密闭园由于树冠互相连接，侧光较少，使枝条角度变小向上生长，树冠中、上部强旺枝较多，造成上强下弱、上大下小，遮阴严重，下部枝叶风光条件差，群体和个体通风透光条件恶化，植株生长衰弱，枝条质量差，内部光秃，外围结果，病虫多，成花少，产量低，质量差，很难达到商品果的质量要求。

密闭园群体结构改造的重点是栽植方式、密度及树体结构的调整，将过度密植栽培改为合理密植，保证树冠通风透光。具体改造过程可按照调整栽植密度→改造树体结构→控冠促花的步骤来进行。

一、调整栽植密度

按照栽植计划，为了提高早期产量、增大栽植密度，会种植临时株，这些临时株在后期会被去除。在出现密闭情况时，可通过间伐临时株来加大株行距。首先确定好临时株和永久株，临时株的间伐时间与次数，应根据永久株树形发展的情况而定，先间伐行间的，再间伐株间的。行间无临时株时，株间的临时株可一次性全部间伐掉。在间伐前1～2年内，应对临时株进行严格控制，可先将临时株上与永久株相接近的一部分大枝提前回缩。

二、改造树体结构

临时株树体结构只要符合平衡均匀、通风透光和树势中庸的要求就行，可不培养骨干枝。具体操作时应本着轻剪缓放多留枝的原则进行，中心干上除少数轮生、密生枝需适当

疏除外，一般枝都尽可能多留，并进行拉枝甩放，使其单轴延伸，多采用促花促果的技术措施，令其早结果、多结果。临时株随永久株树冠的不断扩大，进行逐年疏、缩人型分枝，最后在影响永久株扩大时，将临时株彻底伐除。

永久株应采用正常的整形修剪技术，按照原定的树形进行培养。如果原树形设计不合理，改形时，应视行株距大小和树形状况而定。例如，可将主干疏层形改为小冠疏层形，小冠疏层形改为自由纺锤形，自由纺锤形改为细长纺锤形，主干形改为开心形。如果树的总体骨干枝太多，本着去大留小、去粗留细、去长留短、去密留稀的原则，逐年分批疏除，每年解决1～3个最突出的大枝问题，连续2～3年，可基本解决全树光照问题。总之，根据实际情况改为更小的树冠，果园覆盖率在75%左右，使树高小于行距的90%，确保全园通风透光。

三、控冠促花

在对栽植密度和树体结构进行调整后，要对树冠进行有效调控，使树冠大小基本稳定，各部平衡，并综合采用各种方法促进成花。调整树冠时，必须严格控制树高、减少大枝数量。在树顶部生长势缓和的前提下，将树高降到小于行距。小树冠落头时可一次到位，中大树冠分二次落头到适宜高度。对落头后的顶部主枝，要保留长势较强、单轴延伸、角度适宜的大枝，疏、缩其上较大分枝，使其成为一个大型枝组。当主、侧枝伸展过长或直立时，可用其中、下部的背后枝、背斜侧枝换头。疏除树体中矛盾大的大分枝和直立强枝，回缩较细分枝，削弱中干优势。对各级骨干枝延长头采用轻剪长放，疏除其上的竞争枝；对于多年生强旺枝应注意开角，对一年生强旺枝可行摘心、扭梢、拉枝、拿枝、转枝、圈枝、拧枝等方法诱导成花结果，以果压冠。其余枝采用"旺者拉、弱者缩、密者疏、极少截"的剪法，控制树势促进结果。总之，通过各种综合管理措施控制树体高度、防止上强和外强，使树冠由高变低、由大变小，最后形成"上小下大、上稀下密、通风透光、树体稳定"的合理结构。

第三节　设施栽培李的修剪

李可以进行设施栽培，在设施栽培条件下的李树生长发育与露地栽培略有不同，春季发芽期将提前，秋季落叶期基本一致，生长期延长，树体相对高大，枝条生长量大，且设施内栽培密度大，树冠容易郁闭，需要通过修剪控制树冠大小。

一、李设施栽培模式

1 设施类型

为了促成栽培，李树设施栽培可以采用的设施有塑料大棚、日光温室等。

2 栽植密度

设施栽培的李树，建议栽植株距1.5 m，行距2.0 m，南北成行。

二、整形修剪

1 树形选择

一般采用自由纺锤形或自然开心形树形。自由纺锤形定干高度80～100cm，对上部过强的主枝新梢（长15～20cm）摘心，控上促下，均衡势力。注重培养强壮的中心干，主枝开张角度要早，以控制主枝的生长势。自然开心形干高30～50cm，主枝4个，开张角度为60°～80°，每个主枝配置1～2个侧枝。温室内南侧树稍低，北侧树稍高，最高不超过2.5m。

2 修剪

栽植后留80cm定干，采用刻芽、抹芽定梢等方式尽快确定主枝，其余枝条疏除。新梢长至60cm时摘心，促发二次枝，加速整形。7月底将主枝拉枝，使开张角度至60°～80°，其余枝条通过扭梢、拉枝等方式使开张角度至90°或下垂，培养成结果枝组，促进成花，背上枝反复摘心控制生长，或将其疏除。1～2年后即可成形。

落叶后按照树形要求调整结构，重点查看骨干枝开张角度是否到位。疏除细弱枝、重叠枝、病虫枝等。

三、注意事项

设施内通风透光条件较差，温度高，容易造成花芽分化差，坐果率降低。要通过肥水调控、环境调控等措施控制树势，促进坐果。修剪时幼树可以通过摘心加速整形，树体成形后需要控制旺长，以疏枝为主，促进成花。

李花果管理

李树栽培管理的核心目标是收获果实，需要在做好土肥水管理、整形修剪的基础上做好花果管理。李的花果管理措施包括保花保果、疏花疏果、果实采收与处理等环节。

第一节　保花保果

保花保果的环节包括在花芽分化期促进花芽分化、减少败育花比例、开花期预防晚霜危害、配置授粉树、人工授粉等。

一、促进花芽分化

新梢旺长期是花芽分化的关键时期，此时要控制营养生长，开花前是形成雌蕊的关键时期，要减少雌蕊败育的发生，促进成花。

二、预防晚霜危害

李开花早，开花时需预防晚霜危害。早春灌溉延缓土壤升温、树干涂石灰延缓树体升温等措施可以在一定程度上推迟萌芽开花。发芽前喷高脂膜或青鲜素可以增强树体抗冻能力。提前在果园内准备枯枝落叶，分堆放置。随时关注天气预报，待气温降至0℃以下时点火熏烟。

三、提高坐果率

1 配置授粉树

建园时合理配置授粉品种，授粉品种多选择与主栽品种亲和性好、花粉量大、花粉败育率低的品种。授粉品种的花期要与主栽品种花期相遇或相近。主栽品种与授粉品种的种植比例为（3～5）：1，当主栽品种和授粉品种果实经济价值相仿时，可采用等量配置。为了提高授粉效果，可以选择2～3个授粉品种（表1、表2）。

表1　李授粉品种的选择

主栽品种	授粉品种
大石早生	美丽李、香蕉李、玉皇李
早美丽	黑宝石
玉皇李	大石早生、美丽李、晚红李
美丽李	大石早生、绥李3号、玉皇李
早生月光	红肉李
大石中生	美丽李、大石早生
玫瑰皇后	圣玫瑰、黑宝石
黑琥珀	凯尔斯、玫瑰皇后、红心李、黑宝石、油柰
美国大李	理查德早生、大玫瑰、黑宝石
绥李3号	绥棱李
携李	蜜李
龙园秋李	绥棱李、绥李3号、跃进李、龙园秋李
黑宝石	蜜思李、红心李、圣玫瑰、早玫瑰、黑琥珀
秋姬	蜜思李、玫瑰皇后、圣玫瑰、安哥诺
安哥诺	黑布朗、黑宝石、索瑞斯、圣玫瑰、龙园秋李
大玫瑰	晚黑、耶鲁尔
晚红李	玉皇李、冰糖李、绥棱李
澳大利亚14号	黑琥珀

表2　杏李授粉品种的选择

主栽品种	授粉品种
恐龙蛋	风味皇后、味帝、味厚
风味皇后	恐龙蛋、味帝、味厚
味厚	风味皇后、恐龙蛋
味帝	恐龙蛋、风味皇后
风味玫瑰	风味皇后、味帝、恐龙蛋

第一节　保花保果

2 人工授粉

采集授粉品种花粉，取大蕾期或初花期的花朵，剥去花瓣，收集花药，置于20 ~ 25℃下干燥的室内使其散出花粉。花粉放在干燥玻璃瓶中，于4℃冰箱中短期保存30 ~ 40d。

在盛花期进行1 ~ 2次人工授粉，采用人工点授、液体授粉等方法授粉。点授时一个花序中授1 ~ 3朵花即可。有条件的可采用无人机授粉，可大大提高授粉效率。

3 果园放蜂

花期在李园内放养蜜蜂或者熊蜂、壁蜂等（图86）。

图86　蜂类授粉

4 花期喷肥

盛花期喷0.3%硼砂，或0.3%硼砂+0.3%尿素，补充树体营养，促进果实发育。

四、果实套袋

中晚熟大型果可以进行套袋栽培。套袋在疏果和定果后进行，具体时间在上午10点前和下午2点后，避开高温期进行。套袋前喷1次杀虫杀菌剂。红色品种在采收前15天解袋，黄色品种可以不脱袋（图87）。

图87　套袋李

第二节　疏花疏果

疏花疏果是调控果实生长发育的重要方法，保花保果和疏花疏果要结合进行，前期以保花保果为主，保证坐果率；后期以疏花疏果为主，控制产量，提高品质，并为第二年的花芽分化奠定基础。

依据树龄来说，初果期树产量控制在$1 \sim 2.3/m^2$，盛果期树可以控制在$3 \sim 4kg/m^2$。

第二节　疏花疏果

103

一、疏花的标准

每3~4cm留一个花序。

二、疏花的方法

一般在蕾期和花期进行，先疏结果枝基部的花，留中上部的花。预备枝上的花全部疏掉。

三、疏果的标准

根据果实大小、树势、枝条生长势等因素决定留果量。一般长果枝留果3~5个，中果枝留果2~3个，短果枝留果1~2个，花束状果枝留果1~2个。

也可以根据距离来留果，一般小型果品种间隔4~5cm留1个果，中型果品种间隔6~8cm留1个果，大型果品种间隔8~10cm留1个果（图88）。

疏果标准　　　　　　　疏果前　　　　　　　　疏果后

图88　李的疏果

四、疏果的方法

第一次疏果在花后15d左右进行，第二次在花后25 ~ 30d进行，最迟在硬核开始时完成。

疏果时用疏果剪剪断果柄即可（图89）。

疏果时先疏去畸形果、病虫危害果，再疏小果，最后根据结果枝类型调节留果量（图90）。

疏果前　　　　　　　　　　疏果后

图89　疏果的方法

图90　疏残次果

第三节　果实采收与贮运

一、采收时期

不同品种的李成熟期不同，需要根据果实成熟期确定适宜的采收时期。李果实的成熟度，通常分为可采成熟度、鲜食成熟度和生理成熟度3个阶段（图91）。可采成熟度也称七成熟，果实生长完成，达到了正常的大小，耐贮运，果皮着色面积大于1/2，适于长距离运输和销售，需要经过贮藏后食用。鲜食成熟度也称完熟期，又可分为八成熟和九成熟，此时果实具有该品种成熟的基本特征，具有较好的硬度，可鲜食，可贮运，适于短途运输销售。生理成熟度也称十成熟，即果实已充分成熟，主要用于产地销售。

李果实成熟期不一致，需要分期分批采收，一般分2～3次采收。

同一枝上不同成熟度的李　　　　　　　　不同成熟度的李

图91　李的成熟度

二、采收方法

李一般采用人工采收，选择天气晴朗的上午或傍晚采收，雨天和雨后露水未干、中午高温时不宜采收。从下往上，由外向内逐枝采摘，在采摘时需注意轻拿轻放，避免磕碰，注意保护果面果粉（图92）。

使用采摘器采收保护果面果粉

采收高处果实

图92 采摘器采收李

三、果实分级

李果实分级参考NY/T 839—2004《鲜李》执行（表3、图93）。新鲜的李果应无腐烂、无虫蛀、无机械伤，果实表面的果粉明显。一般采用人工分级、包装（图94）。

表3 李果实等级规格指标

等级		特等果	一等果	二等果
基本要求		果实基本发育成熟，新鲜洁净，无异味、无不正常外来水分、无刺伤及病害。具有适于市场或贮存要求的成熟度		
色泽		具有本品种成熟时应有的色泽		
果形		端正	比较端正	可有缺陷，但不得畸形
可溶性固形物含量/%	早熟果	≥12.5	12.4 ~ 11.0	10.9 ~ 9.0
	中熟果	≥13.0	12.9 ~ 11.5	11.4 ~ 10.0
	晚熟果	≥14.0	13.9 ~ 12.0	11.9 ~ 9.5
果面缺陷	磨伤	无	无	允许面积小于0.5cm^{2}轻微摩擦伤1处
	日灼	无	无	允许轻微日灼，面积不超过0.4cm^2

（续）

等级		特等果	一等果	二等果
果面缺陷	雹伤	无	无	允许有轻微雹伤，面积不超过0.2cm²
	碰压伤	无	无	允许面积小于0.5cm²碰压伤1处
	裂果	无	无	允许有轻微裂果，面积小于0.5cm²
	虫伤	无	无	允许干枯虫伤，面积不超过0.1cm²
	病伤	无	无	允许病伤，面积不超过0.1cm²

注：1.果实缺陷，一等果要求无，二等果不得超过2项；2.果实含酸量不能低于0.7%。

图93 李果实分级

图94 李包装

四、贮藏

需要贮藏的李果实应在可采成熟度（七成熟）时采收。

采收后果实经过预冷，放入恒温冷库贮藏（图95），贮藏温度0 ~ 3℃，相对湿度90% ~ 95%，贮藏期为45 ~ 90d（图96）。也可采用气调贮藏，可以很好地延长贮藏期，减少贮藏期间的损失。

外观　　　　　　　　　　　　　　　　库内一角

图95　恒温冷库

贮藏中的果实　　　　　　　　　贮藏20天的黑宝石

图96　李贮藏

五、运输

　　李常温下不耐贮运，应尽量避免远距离长时运输，需按照鲜活农产品的运输要求，快装快运，轻装轻卸，避免挤压损伤。有条件的可采用冷藏车运输或空运，注意运输时严禁与有毒、有异味等有害物品混装、混运。

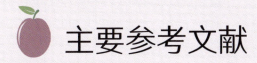

主要参考文献

敖艳飞，宋生懿，宋贞富，等，2020. 蜂糖李幼树期管理技术[J]. 农技服务，37(9): 66-67.

丁立军，王二燕，刘立刚，等，2005. 几个杏李品种的生长结果特性及整形修剪要点[J]. 河北果树(6): 21.

管秀坤，郭志强，孟凡丽，2023. 国峰 7 号李露地省力化栽培技术[J]. 果树资源学报，4(1): 43-45.

郭美容，2014. 芙蓉李整形修剪技术要点[J]. 林业科技，31(4): 108.

广西壮族自治区农业科学院农产品加工研究所，2023. 龙滩珍珠李果实采收及采后商品化处理技术规程: DB45/T 2602—2022[S].

农业部优质农产品开发服务中心，辽宁省果树科学研究所，四川省农业厅，2004. 鲜李: NY/T 839—2004[S]. 北京: 中国农业出版社.

刘威生，章秋平，马小雪，等，2019. 新中国果树科学研究 70 年——李[J]. 果树学报，36(10): 1320-1338.

万雅静，刘良好，2017. 李树生长期修剪技术[J]. 现代园艺(5): 53.

王贵平，王金政，薛晓敏，2019. 李丰产树形及整形修剪技术简介[J]. 南方农业，13(31): 30-33.

北京市农林科学院林业果树研究所，2018. 李栽培技术规程: LY/T 2826—2017[S]. 北京: 中国标准出版社.

吴世磊，胡炫，陈德朝，等，2017. 高半山茵红李栽培技术[J]. 四川林业科技，38(2): 142-146.

张青，等，2017. 李高效栽培技术（南方本）[M]. 北京: 中国农业出版社.

张文江，鲁晓峰，邵静，等，2022. 吉胜李在北京大兴地区的引种表现及栽培技术[J]. 中国果树(12): 61-63.

图书在版编目（CIP）数据

图解李整形修剪从入门到精通 / 张鹏飞，杨复康编著. -- 北京：中国农业出版社，2024. 9. -- (整形修剪轻松学系列). -- ISBN 978-7-109-32451-0

Ⅰ. S662. 3-64

中国国家版本馆CIP数据核字第2024JG0299号

中国农业出版社出版

地址：北京市朝阳区麦子店街18号楼

邮编：100125

责任编辑：任安琦　郭晨茜

版式设计：王　晨　　责任校对：吴丽婷　　责任印制：王　宏

印刷：北京缤索印刷有限公司

版次：2024年9月第1版

印次：2024年9月北京第1次印刷

发行：新华书店北京发行所

开本：880mm×1230mm　1/32

印张：3.75

字数：150千字

定价：36.00元
